半干旱区城市林业树种选择研究

丛日春　张英杰　李　锋　胡雅君　著

中国林业出版社

图书在版编目（CIP）数据

半干旱区城市林业树种选择研究 / 丛日春等著 . —北京：中国林业
出版社，2012.4

ISBN 978-7-5038-6549-7

I.①半… Ⅱ.①丛… Ⅲ.①半干旱 – 城市 – 树种选择 – 研究

Ⅳ.① S731.2

中国版本图书馆 CIP 数据核字（2012）第 075428 号

出版	中国林业出版社（100009　北京西城区刘海胡同 7 号）
E-mail	liuxr.good@163.com　**电话**　（010）83228353
网址	http：//lycb. forestry. gov. cn
发行	中国林业出版社
印刷	北京中科印刷有限公司
版次	2012 年 5 月第 1 版
印次	2012 年 5 月第 1 次
开本	787mm×960mm　1/16
印张	7.75
字数	150 千字
印数	1~1000 册
定价	36.00 元

前　言

　　城市作为人类文明、社会进步的象征和生产力空间载体，聚集了一定地域范围内的生产资料、资金、劳动力和科学技术，从而成为区域经济活动的策源地，是一定地域内经济集聚实体和纵横交错的经济网络的枢纽。纵观全球经济态势，经济重心主要集中在城市集聚区，如美国东海岸波士顿——华盛顿城市集聚区、西海岸旧金山——洛杉矶城市集聚区；英国伦敦——曼彻斯特城市集聚区；法国巴黎——马赛城市集聚区；日本东京——大阪城市集聚区，以及中国的东部沿海城镇密集带。因此，从这个意义上说，只有城市及其集聚区的持续发展，才会有区域的持续发展、国家的持续发展乃至全球的持续发展。

　　由于历史、地理和社会经济发展多种因素的影响，中国城市分布近代以来一直呈现随降水递减而城市密度降低的空间分布特征。新中国成立以后虽然加强了干旱半干旱地带的城市建设，但是这种分布格局并没有根本的改变，在干旱半干旱地带，占全国49%的国土面积，仅仅分布了18.47%的城市和16.06%的城市人口，城市分布密度是东部沿海的1/9和中部地带的1/4，是城市分布的稀疏地带[1]。

　　英国、美国等发达国家的工业革命是以轻纺工业为主导展开的，而中国的工业化过程却同原苏联一样，是从发展重工业开始的。干旱半干旱地区虽然城市数量少、规模小，但在全国工业化体系中多数都是能源、原材料的基地，是全国工业发展的基础。但由于特殊的地理环境和工业特点，这些城市的发展面临许多重要环境问题。首先，水资源短缺。水是城市的命脉，是工业的血液，是经济赖以发展、城市赖以生存的重要物质资源，水的丰欠是半干旱地区城市社会经济发展的重要制约因素之一。其次是受荒漠化威胁。荒漠化是发生在干旱、半干旱及亚湿润干旱地区的一种土地退化现象。我国是一个自然条件较差的国家，特别是在西北大部、华北北部和东北西部，分布着大面积的干旱半干旱地区，降水稀少、大气干燥、强风劲吹，形成了大面积的沙漠、戈壁、盐渍化及风蚀残丘等。据普查，我国沙漠、戈壁及沙化土地总面积为168.9万 km^2，其中沙漠47.65万 km^2，戈壁

69.59 万 km²，其他沙化土地 51.66 万 km²。在此基础上，按照国际上对荒漠化公认的定义及指标，我国荒漠化土地面积为 262.2 万 km²，占我国国土面积的 27.3%[2~3]。半干旱地区的城市身处荒漠化区域之中，生态环境非常脆弱。据调查，西安、兰州、乌鲁木齐、呼和浩特、银川等数十座大中城市长期受到风沙危害，沙尘成为这些城市大气环境的重要污染源。1979 年 4 月，一场沙尘暴使南疆铁路沙埋 67 处，中断行车 20 天，西藏拉萨机场每年因风沙天气，飞机返航、停飞造成的直接经济损失达 72 万元。此外，有数千座水库，5 万多 km 灌渠被泥沙淤积或沙埋，黄河 16 亿 t 泥沙中有相当一部分来自荒漠化地区。第三，环境污染严重，环境污染是城市工业化对城市生态环境带来的直接危害。城市环境污染主要包括大气污染、水体污染和固体废弃物污染三个方面。尽管我国政府十分重视环境保护，但是，由于多种原因，我国环境污染状况到目前为止仍然比较严重。

由上述分析可见，半干旱地区城市环境污染与生态破坏都十分严重，给人们健康与国民经济建设带来了巨大的危害。城市森林能够隔离污染源，吸收和滞纳污染物，并起到美化环境、防风固沙、涵养水源、调节气候的作用。因此，城市林业是城市生态环境建设的重要内容，而树种选择是城市林业建设的关键技术之一。本书通过对包头市主要树种生长状况全面调查，对立地主导因子重点研究，对树木耐旱、耐污染能力和净化大气能力进行专项研究，并用线性规划的方法建立了在土地、资金、植物材料有限的条件下，投入产出效益最高、景观质量较高，生物多样性好的模型，提出了植物配置模式。

本书汇集了作者近 10 年的研究成果，在研究过程中得到内蒙古自治区科学技术局、内蒙古包头市科学技术局的大力支持，内蒙古包头市园林科技研究所的同事潘洪杰、蔺爱萍、辛淑琴、傅立红、杨强胜等做了大量的实验研究工作，在写作过程中得到恩师沈国舫院士的悉心指导，在此表示衷心感谢。

由于作者水平有限，错误之处在所难免，谨祈读者和专家批评指正。

丛日春

2011 年 12 月

目　录

第1章 引　论

　　城市发展必须与自然共存，把森林引入城市，让城市座落在森林中已成为人们的迫切需要，城市林业研究受到各级政府的重视，成为林业、园林、环保部门研究的热点[1-7]城市林业的概念，最早是由加拿大多伦多大学的 Erik Jorgensen 教授提出来的，但由于研究的重点、方向不同，对于城市林业的概念范围提法不一，最具有代表性的有以下几种：Erik Jogenssn 教授认为"城市林业不完全是有关城市树木或单一树木的培育，是对城市人口产生影响和可利用的整个地区的树木培育"，[8, 9]范围包括为城市服务的娱乐区。美国林业工作者协会城市林业组的定义是"城市林业是林业的一个专门分支，是一门研究潜在的生理、社会和经济福利学的城市科学"，范围包括城市水域、野生动物栖地、户外娱乐场所、城市污水处理场等[8, 10]。台湾大学高清教授认为城市林业是一门新兴的科学，范围包括庭院园林的建造、行道树的建造、都市绿化的造林与都市范围内风景林与水源涵养林的营造。[11]北京林业局李永芳局长认为城市林业是园林与林业融为一体的多功能林业，是城郊一体，林园融一体的林业，它既是园林的扩大，又是传统林业的升华，范围包括风景林、公路和河流两侧的防护林、自然保护区、公园、经济林等。[12]美国林业协会负责城市林业方面的副主席 G. Moll 先生认为：城市林业不能只看作是林业的一个分支，实际上它是在城市规划、风景园林、园艺、生态学等许多学科的基础上建立的，他给城市林业的定义是"城市内及其周围的树木和相关的植被。"[13]在第十一届世界林业大会上，Kjell Nilsson 和 Thomas B. Randriup 将城市林业定义为规划、设计和管理城市及周围地区的树木和林分，给城市居民舒适的环境。中国林业科学研究院彭镇华先生认为，城市林业是全国森林生态网络体系中的"点"，其建设的理念就是林网化与水网化相结合的生态系统工程，更加注重城市森林对人的身心健康的作用。尽管国内外专家学者对城市林业的论述有所不同，但也有基本一致的观点。他们从城市树木及其他植物和有关设施的分布地域等方面，将城市林业的内容概括为公园、花园、植物园、动物园，城市街道、路旁的树木及其他植物，河、湖、塘、池边树木及其他植物，居民区、公共场所、机关、学校、场矿、部队等庭院绿化，街头绿地、林带、片林、郊区森林、风景林、森林公园，以及为城市造林绿化提供苗木、花草的苗圃、花圃等生产绿地，用于城市隔离卫生安全防护的防护绿地。总之，凡是城市范围内的树木及其他植物生长的地域，以及地域内的野生动物，必须的设施等都列为城市林业的范围。美国纽约州的城市林业包括公园、街道、公路、公共建筑、治外法权地、河岸、住宅、商业、工业等城市内的树木及其他植物，市内及其城市周围的林带、片林以及从纽约到近郊区到卡茨基尔、阿迪朗克和阿勒格尼结合部的森林，美国规定行道树是城市森林的重要组成部分。据 1986 年统计，美国共有行道树 6165 万株，面积 5022 万 hm^2。[14]英国密而顿、凯恩斯的城市林业由 3 个自然公园、带状公园和 22 个小灌木林及其他类型的小片林组成。日本横滨的城市林业由 209 个公园，$450hm^2$ 郊区森林和行道树组成。比利时的城市森林包括城市绿色空间，公园和城市周围的森林。墨西哥城市林业包括郊外和市内古老的公园以及市区内的树木。国外许多科学家还从游览时间上给城市林业规定了范围，认为城市林业的范围是由市内出发，当天到达，并能返回范围内的游览胜地均在其列。美国科学家认为城市林业包括乘小汽车从市内出发，当天到达，并能返回范围内的游览地都属城市林业的范围；瑞典科学家认为城市林业范围是从市内骑自行车或滑雪出发，当天到达并游览后，能于当日返回市内范围内的娱乐地域都视为城市林业，瑞典距市中心 30km 以内的森林都是城市林业。[15~17]

　　对于我国城市林业的范围，专家学者们认为，城市就其自然本质而言是一个复杂的生态系统，城市林业是其重要组成部分，它随着社会经济的发展而发展，不断延伸至远郊城镇与乡村，从地域上讲应包括市区、郊区、新建区、经济开发区、建制镇（或卫星城）等城市行政区划所管辖的整个范围。沈国舫院士认为城市林业应当面向整个城市的绿化建设，但考虑到当前的业务部门分工则以城乡结合部以外（含城乡结合部）的林业（绿化）建设作为重点研究对象，也要涉及城市周边以外（周末二日游可达范围之内及与城市水源、风沙源紧密相关的）地区。[18]城市林业广泛参与城市生态系统中物质、能量的高效利用和社会自然协调发展，在系统动态自我调节中起重要作用，城市林业的效益有生态、经济和社会三个方面。

　　城市的生态效益十分明显，能够改善城市小气候、滞纳污染、消减噪音、杀菌防病等，在城市生态系统中发挥着重要作用。

　　树木和其他植物通过树叶拦截、反射、吸收和传导太阳辐射，可以改善城市环境的空气温度，城市比周围的地区气温平均高出 0.5~1.5℃，在冬天这种情况颇为舒适，但在夏天则相反。而落叶树木则是最理想的调节气温的材料，夏季它们拦截太阳辐射而降低温度，冬天叶的脱落导致增加对太阳辐射的吸收，反而令人感到温暖。李嘉乐等对北京绿化的夏季降温效果研究表明，城市绿化程度对气温有明显的影响，城市中各地段的绿化程度对本地段和附近的气温都有影响。[29]而气温最高时，一个地段的降温效应与半径500m以内的绿化程度关系密切，而夜晚降温则与更大范围内的绿化状况存在联系。降温与绿化覆盖率的关系是 $Y=37.23-0.097X$，即在白天气温最高时（14:00），绿化覆盖率每增加一个百分点可降温0.1℃。北京市绿化覆盖率不足10%的地方的热岛强度最高为4~5℃，如果绿化覆盖率达到50%可降低4.94℃，城市夏季酷热的现象可基本改善。由于树木的光合作用吸收CO_2放出O_2，使大气中的O_2增加CO_2减少，从更大的范围内控制"温室效应"的发展，这是城市林业对全球的贡献。城市林业可以改善城市的空气的湿度，一方面，城市林业降低空气温度，使空气中的相对湿度增加；另一方面，树木具有蒸散作用，一株成年树木一天大约可蒸腾400L的水（Kramer and koitowskei，1970）。一个结构、树种选择、配置合理的城市森林可使空气湿度增加54%（New yerk，1978）。[11]对北京市若干绿地、庭院绿化、道路绿化等对小气候的影响进行系统的观测和分析结果表明，绿地内的空气湿度冬季比绿地外增加8%~24%。城市林业可以减少径流，涵养地下水源。根据1951~1980年30年统计，北京年均降雨644.2mm，其中70%以上集中在7~8月份，绿地内降水10%被树冠截留，10%被地面蒸发，5%被地面径流，有75%渗入土壤[28]。北京现有绿地97.76km²，则每年可减少径流5667.9万m²，涵养水源5289万m³。城市森林可以影响城市的气体流动，由于城市森林的存在，造成城郊之间地温及气温递减，森林区域的存在促进城区燥热气团与野外爽温气团的对流，形成良性生态调节效应的"城市风"。城市树木和灌木通过阻碍、引导、转向和过滤作用来控制风，由其本身或与其他障碍物的联合，改变周围气体的流动，用于改变风速的树木可以种植于角落和建筑物的入口处，但是栽植的位置要谨慎处理，因为树木也是人们希望流动房间气流的防碍物。树木降低风速的范围是在林带前树高的2~5倍和林带背风面树高的30~40倍区域内，最大限度降低风速的范围是林带背风树高的10~20倍远的地方，最高可降低风速50%，但实际的防御程度又在于其高度、宽度、通透性、株行距和防风林的树种。树种选择在防风效率上是很重要的，有浓密叶子的针叶树最好种植在冬天渴望得到保护的西部和北部，阔叶树最好种在东部和南部，因为它们夏天可以阻挡干热风，而冬天又允许太阳辐射进入。

城市环境污染随着城市化进程的加快，日益引起社会各界的关注，治理污染，改善生态环境已成为城市问题中最热门的课题之一。如前所述，城市森林可降低风速，植物的蒸藤可增加空气湿度，从而可以促使降尘落土。北京市在降尘最多的4月份，绿地中和绿化较好的地段地面上降尘量明显高于其他地段，如果地面有草皮等其他植被，不但地面不易扬尘，而且从空气中降落的尘粒也会从植物的间隙落到植被覆盖下的地面上，避免风沙再次扬起。飘尘可以在空气中悬浮很长时间，当气流缓慢或静止时，飘尘也随之滞留，密集的乔灌木组成的绿带可把飘尘滞留在林带前面，较宽的（30m 以上）半通透林可把飘尘滞留在林内，飘尘穿过茂密的林冠时，其中一部分会附在枝叶上而使空气得到过滤与净化。较大面积的绿地降温作用则可在绿地与附近气温较高地段之间造成空气的对流，这样可以把飘尘带到高处，遇到水平气流可扩散稀释。李嘉乐等以 1km^2 的样方选择采暖期悬浮颗粒物质量浓度不同的 51 个样点和非采暖期 40 个样点进行绿化覆盖率与总悬浮颗粒物质量浓度相关性的统计计算，结果采暖期 $Y=1.465-0.032X$，非采暖期 $Y=1.0985-0.02X$，可以看出采暖期和非采暖期总悬浮颗粒物质量浓度变化率几乎相等，作者推测，如果北京市绿化覆盖率达到 50%，则大部分悬浮颗粒都可以得到净化。[30, 31] 树木滞留粉尘的能力是有差别的，一般树体高，叶片密集，表面粗糙，被有绒毛的树种滞尘能力较强。对虞山市相同区域类型的阔叶树与针叶树滞尘状况进行对比发现，因阔叶树叶大而平展，有些树种表面粗糙有毛，且沾尘后易被雨水冲淋复活，滞尘效果比针叶树强，如麻栎滞尘量为 0.36μg/cm^2，而同是近污区的国外松为 0.2μg/cm^2，在森林区茶树为 0.11μg/cm^2，杉木为 0.09μg/cm^2，马尾松为 0.03μg/cm^2。同时发现，同是针叶树，杉木滞尘量是马尾松的 3 倍；同是阔叶树，麻栎是朴树的 5.1 倍[32]。另据报道，每公顷 12 年生旱柳每年滞尘 8t，20 年生榆树每年滞尘 10t。城市森林能够吸收大气中的多种有毒气体，据研究，每公顷加拿大杨每年可吸收硫 46kg，每公顷胡桃林每年可吸收硫 34kg（林治庆，1989）[33]。对 50 余个 1km^2 面积的样方绿化覆盖率与二氧化硫浓度的相关关系进行统计，两者成负相关，采暖期 $Y=0.29-0.0058X$，非采暖期为 $Y=0.1-0.0032X$（李嘉乐，1989）[30]；绿化覆盖率与苯并（α）芘相关关系是采暖期 $Y=4.235-0.00985X$，非采暖期为 $Y=1.134-0.0022X$；树木吸收大气有毒气体的能力与大气中的有害气体的质量浓度呈线性相关，大气氟质量浓度与叶片含氟量的关系杨树 $Y=-957.49+670X$，柳树 $Y=-707.14+546.86X$；大气氯含量相关关系是杨树 $Y=0.74+215.82X$，柳树 $Y=0.69+165.55X$（谢维，1992）[34]。树木的根系在吸收矿质营养元素的同时，也将土壤中的重金属元素吸收进入体内。在单因子栽培试验中，三年生旱柳幼树在一个生长季内对土壤 Cd 的吸收量可为对照树木体内 Cd 含量的 32 倍；当年生加拿大杨对土壤中 Hg 吸收量是对照的 130 倍；当土壤中 As 浓度为 100μg/g 时；二年生幼树在一个生长季内吸收量为对照树木的 30~507 倍，在严重 Cd 污染土地上营造了人工杨树林，树木郁闭成林后对土壤 Cd 含量的削减极为明显，5 年生北京杨株行距 1.5m×1m，每株吸收 Cd 总量为 0.22g/年，每亩北京杨每年吸收 Cd 总量为 96.8g（林治庆，1989）。[33]

　　声波通过植物存在的场所会被植物的叶、枝条所吸收，现已证明，具有浓密叶，而且具有叶柄，多汁植物最能吸收声波，低于 1000dB 的声音，通过 30m 的森林会降低 7dB（高清，1984）[11]，宽阔、高大且浓密的树丛可以减轻 5~10dB 的声音，一般而言，高树所组成的宽大林带对于减弱噪音最为有效，树种对减弱声音而言，并没有差别，但落叶树落叶后，减弱声音的效果较差，常绿树则终年不变。据报道，12m 宽的乔灌木树冠覆盖的道路（3 板 4 绿带或 1 板 3 绿带 1 绿篱）与 30m 宽的乔灌草混合结构带可分别降低噪音 3~5dB、5.5~8dB[15]。

在空气中通常有近百种不同的细菌，大多是病原菌，有些植物能分泌芳香，具有杀死病菌和原生动物的作用。悬铃木的叶子揉碎后 3min 内能杀死原生动物。据法国测定，百货大楼每立方米空气中有细菌 400 万个，而公园中只有 1000 个，百货大楼比公园多 4000 倍。在一般情况下，每立方米空气中城市里比绿化区的含菌量多 7 倍。据报道，1hm² 的柏林每天能分泌出 30kg 的杀菌素，松科、柏科、槭树科、木兰科、忍冬科、桑科、桃金娘科的许多植物对结核杆菌有抑制作用。据测定，松树能挥发出一种叫做萜烯的物质，对结核病人有良好的作用。桦树、柞树、栎树、稠李、椴树、松树、冷杉所产生的杀菌素能杀死白喉、结核、霍乱和痢疾的病原菌。许多植物茎叶花果则可直接入药、治疗疾病。如银杏果可润肺、养心，喜树根、果可抗癌，白玉兰花可温散风寒、清脑，雪松茎、花可祛风止血、润肺，龙柏叶、果可安神调气镇痛，女贞茎、叶、果可清肺、止咳、化痰，丁香茎、花可止咳平喘，月季根、花可调经、活血消肿，胡颓子根、叶、果可收敛止泻平喘等[35]。对北京市八所小学中 1076 名小学生鼻咽部功能指标与城市绿色覆盖面积的相关分析表明，绿化越好鼻黏膜上皮纤毛完成鼻腔内全部输送的时间越短，鼻咽功能越好，两者的相关性达到极显著水平（刘芳径，1989）[36]。城市林业由于占据地理位置优越，管理技术先进，经营养护细致等条件，经济效益十分显著。以行道树为例，40 年生毛白杨每株可产木材约 1.5m³，按单行种植，株距 10m 计算，1km 行道树可产木材 150 m³，价值几千元，据测算天津市每年乔木增值 159 万元，灌木增值 286 万元[37]；据计算一座具有城市林业特色的城市，可以为城市居民提供 50% 的薪材，80% 的干鲜果品，目前许多国家的城市已改变了直接烧用薪材的习俗，而将采下枝条转化为燃气，减少耗煤量 10%~50%，降低取暖费 10%~20%；天津市园林绿地降温效果每年可节约 7524 万元；一所座落在城市森林中的住宅售价比一般住宅高 2 倍，有树木的房屋价值增加 5%~15%，在公园或公共绿地附近的住宅价格会因此提高 15%~20%，地租随距公园的距离而异，距公园或绿地 12m 时，地租率为 33%，762m 时为 1.2%；城市花卉的经济价值也相当可观，1988 年天津市苗木花卉年业务收入达 434.9 万元。近年来，世界花卉的产值以前所未有的速度迅速增加，1990 年消费额为 350 亿美元，比 1985 年增加一倍多，世界花卉出口创汇约为 60 亿美元；城市森林旅游的经济效益也相当不错，据估计天津市城市林业在旅游业的效益是 31.9 万元。

城市林业的社会效益无论是过去还是现在人类都在努力探索和挖掘，并予以有意识的利用，它的范围非常广泛，内容十分丰富。

城市林业是一座知识的宝库，包括天文、地理、生物、数学、化学、文学、艺术等应有尽有。比如，一所公园，一条林带或一处公共场所的绿色植物，就含有许多生物种类，不同的形态特征，生态习性，艺术效果，以及养护管理等方面的知识，足够各层次的人士学习、研究和探索，在文学艺术方面，城市林业除了为文学家、艺术家提供安静、舒适、优美的创作环境外，还为他们产生灵感创造了条件。

城市林业为人类提供了社交场所和机会，一处成功的城市森林环境，为国内外宾客提供了游览、社交的机会，供以了解宾客的文化素养、衣着打扮、风俗习惯，从而开阔眼界、增进友谊。凡户外活动者，无不着以洁净合体、款式新颖、俏丽夺目的服装，以示社会生活的水准。所以，国外特别提倡在游览区内，辟设人与人之间互相观摩的场所，并视它为活动景点。

随着工业发展，城市人口增多，城市扩大，各种车辆增加，尽管采取了各种有效措施，但交通事故仍时有发生。据报道，如果设计合理，树种选择得当，行道树可以疏导交通，减少交通事故发生。在疏导交通方面，利用乔灌草组成的快慢车带和人行道绿色隔离带是比较有效的。一条路用一、二种树作为主要树种，贯穿全路，当树种变了路也随之换了，提醒司机和行人，有效地疏导了交通。在交叉路口，用突出的树种予以标识。在转弯半径处的绿篱要矮，不影响司机视线，树丛要透视，确保交通安全。在美化市容方面，城市林业起着举足轻重的作用：一是以树的绿色为基调的五颜六色，春天的花，夏天的绿，秋天的叶和果，冬天的枝和干无不展示其美姿，为城市增添自然美；二是树木花卉有丰富的线条，艺术讲究曲线美，城市森林是曲线美的典型，丰富的林际线，多变的树冠外型，形成各异的片林轮廓，都是由曲线构成的，它们都是构成城市美的主要内容；三是树木打破了建筑物僵硬的外角，烘托建筑物的美，从而展示城市的美。

我国引入和认识城市林业概念始于 20 世纪 90 年代，但对城市周围地区的林业建设应当有新的思维和新的路子，需求由来已久，对城市园林建设应当摆脱传统做法的束缚而走"生态园林"之路的需求也早已存在，这两个方面在思维方向上是一致的。园林要冲出城区发展到郊野，林业要渗入城市并为城市服务。1986年中国园林学会在温州召开的"城市绿地系统植物造景与城市生态"学术讨论会上提出生态园林这个名词，陈有民教授和余文森的论文提到了生态园林的概念；1988 年初抚顺市提出建立森林城市方案并实施。1989 年上海提出建设生态园林的设想和实施意见，并在黄浦区竹园新村、普陀区甘泉新村、浏河风景区、外滩、宝山钢铁总公司试点。1989 年中国林科院开始研究城市林业的发展状况。1990

年9月，国务院研究发展中心在上海举办了生态园林研讨班，对生态园林的指导思想、原则、标准和类型提出了建议。同年在内蒙古呼和浩特市召开了全国园林科技情报会议，陈自新教授做了题为《探讨与共识——走生态园林道路》的总结发言。1990年上海市建委下达了"生态园林研究与实施"的课题。1992年国家科委和北京市科委联合下达了八五攻关课题"园林绿化生态效益的研究"，由北京市园林科研所和北京林业大学承担，主要研究城市片林、专用绿地和居住区绿化的生态效应及植物配置的合理性。1992年中国林学会召开首届城市林业学术研讨会；1993年广州市正式立项研究广州市城市林业；1994年成立中国林学会城市林业研究会，中国林科院设立城市林业研究室。1994年内蒙古自治区科委下达"内蒙古环保型生态园林模式研究"课题，由包头园科所承担，主要研究工厂绿化如何提高环境效益。1995年全国林业厅局长会议确定城市林业为"九五"期间林业工作的两个重点之一，林业部长徐有芳指出：大力发展城市林业势在必行。1996年,北京市林业局下达"北京市的城市林业研究"项目,由北京林业大学、北京市林业局共同承担，研究北京市城市林业可持续发展战略，不同条件下的森林景观模式，21世纪初北京城市林业发展规划设想等。2003年，以上海市城市森林规划、建设为起点，全国掀起城市林业研究、建设的高潮，研究成果大量涌现，城市森林建设如火如荼，继上海之后，广州、贵阳等十几个城市开展了城市森林建设。但是，城市林业毕竟还只是一个新事物，对它的概念、范畴、内涵、方法和技术都需要通过研究探讨予以明确和制定，特别是在城市环境保护林建设中，如何根据城市污染物种类、污染程度的强弱，结合适地适树原则选择对污染抗性强，净化大气效果好，观赏性好的树种，并用植物造景方法建立稳定、高效、美观的防护林，是城市林业建设中亟待解决的问题。

第2章 树种选择研究进展

树种选择是整个森林培育技术系统中的第一项也是最重要的一项基本工作，树种选择的适当与否，是森林培育工作成败的关键之一，如果树种选择不当，不但林木不易成活，以致徒费劳力、种苗和资金，而且即使成活也可能长期生长不良，难以成林成材，起不到森林的防护作用，使国家经济遭受巨大损失。森林培育工作本身具有基本建设的性质，是"百年大计"，而树种选择又是这百年大计的开端，必须认真对待。

1 基于林地调查和对比试验的树种选择

由于我国近代科学技术发展落后了一步，使我们对自然资源的研究还不够透彻，科学经营林业的历史也不长，以致对各地区造林地的立地性能特点及各造林树种的生物学生态学特性知之不多，这就更增加了正确选择造林树种的难度。20世纪50年代初，由于造林树种选择不当，在很多地区形成大量的"小老头"林，林木生长不良，生产力低，给国家经济造成了很大损失[70]，80年代起我国林业科技工作者在总结以往造林工作经验的基础上，对现有人工林进行了调查研究和造林对比试验，通过调查研究已有的人工林成活、生长过程，掌握不同树种人工林在各种立地条件下的生长状况，通过在典型立地上进行树种选择对比试验，提出造林树种的选择方案。如谢家岱等研究了陕西、四川高寒山区造林树种的选择[71]，蔡郁文提出了在栗钙土地区造林应选择根系穿透能力强的树种[72]，杨烛尘提出宝鸡地区干旱阳坡造林树种选择的方法[73]，路斌通过造林试验筛选出了兰州干旱山区的造林树种[74]，王景星提出根据气候条件选择造林树种的方法[25]，何云祥根据湘潭的自然条件树种资源提出了适合本地发展的造林树种[76]，关泉照根据树种生长量比较，提出了薪炭林树种选择的方法[77]，林浩根通过飞播造林试验，提出了适合吉林省的飞播造林树种[78]，林海提出了湖南省营造水源涵养林的树种，陈永中从地名的角度研究了鄂尔多斯台地西南部的树种选择问题[79]等等。这些研究通过对当地自然条件的分析和现有人工林的调查，筛选出了适合本地不同林种的造林树种，对推动当地的造林工作起到了积极的作用，但是由于各地自然条件不同，造林树种不同，因此，适用范围较小。

2 基于立地分类的树种选择

在选择造林树种前，首先要弄清造林地区及造林地段的立地性能，根据立地性能选择适宜的造林树种。立地分类是营林和造林工作的重要理论基础，立地分类的目的，就是对不同立地条件和生产潜力的林地分别进行科学的分类和设计，选择适宜的树种来达到理想的造林效果。对于生长不同的林分，也必须根据立地类型的差别，制定有效的营林措施，使之达到最高的森林收获量，因此，立地分类的研究深受国内外林学家的重视。1926 年德国 C. A. Kranss 开始森林立地分类研究，创立以气候、地形、土壤和植被等为基础的综合多因子方法，在欧洲和北美洲被广泛应用，其中最有影响的是 Hills 在加拿大安大略省发展的全生境森林立地分类，以 Jurdane 为代表的生物—物理立地分类和以 Krajina 为代表的生物地理气候分类[80-84]。20 世纪 40 年代苏联形成了两大林型学派即生物地理群落学派和生态学派[84, 85]，近年来随着计算机技术和多元统计分析等数学方法的介入，使林林立地分类逐渐从定性向定量或定性和定量相结合的分类方向迈进。

我国森林立地分类研究始于 1953 年，林业部调查设计局、中国林科院等单位用苏联林型学说对我国东北、西南和西北的森林进行了大规模的林型划分与评价[87]，1958 年林业部造林设计局、北京林学院等单位用苏联生态学派林型学说对我国造林地区进行"立地条件类型"的划分，在全国各地一些地区编制了立地条件类型表，并做了造林类型典型设计[88]。20 世纪 70 年代末，我国林业科技工作者根据我国的自然环境特点，开始探讨我国立地分类的方法，并在此基础上进行了适地适树的研究，例如沈国舫等用逐步回归和统计分析的方法研究了北京市西山地区各立地因子影响树木生长作用的大小，提出以海拔、坡向、土壤肥力三个主导因子划分立地类型的方法，并分树种研究了其在不同立地条件下的生长状况，从地、树两个方面提出了适地适树方案[89, 90]。刘明用土壤类型、土壤养分和植被三个因子对鲁西黄河故道进行了立地分类，并在每类立地类型上调查了不同树种的生长情况，又分树种调查了各树种不同立地上的生长情况，提出了鲁西黄河故道造林树种选择方案[93]。杜书坤按不同土壤类型，造林地地形、地势等立地条件，进行树种生长状况调查，根据不同立地条件，提出造林树种选择方案[94]。高志义等以黄土高原的热量状况、干湿状况，结合地带性土壤、地带性植被，将黄土高原分为五个森林植物地带，再依每个森林植物地带的地貌变化，并兼顾地块的完整性，划分了十二个森林植物地带类型区，在某一森林植物地带类型区内，根据立地主要因子地形、土壤、水分分为立地条件类型，然后进行造林地上现有乔灌木组成的人工林样地调查，以及与立地适生状况、生长量、生长势确定相应立地类型下适生的乔、灌木树种种类及其排队序列，并提出应用于不同林种的可能性。最后提出了黄土高原不同立地条件类型适地适树总表，其中涉及乔木 33 种（针叶树 7 种）、灌木 22 种[91]。管中天、周立红在对长江上游水源涵养林水土保持林进行立地分类的基础上，提出影响林木生长的立地主导因子为：土类—部位—土厚（或坡度），将研究地区 126 个树（包括灌木、草、花木）种进行排序，并按其生态特性（如喜肥、耐瘠、耐旱等）分成 9 个组，以各植物种的生态特性与立地主导因子类目的适应程度进行比较，列出各立地区树种选择限制因子排列表，某一树种如在一种组合的各类目中均出现，可认为该树种与这种立地条件组合是相适的，该树种可作为这种立地条件组合的造林选择树种，由此，得出了长江上游各流域各分区立地条件造林树种选择表[95]。以上这些研究工作从造林地区的立地分类出发，按适地适树的原则，提出了各立地类型下的树种选择方案，具有一定的指导意义，把造林树种选择的研究推进了一大步。

3 基于立地评价的树种选择

森林立地质量可理解为影响森林生长发育指标（蓄积、胸高断面积、树高、生物量等）的因素作用的总和，包括气候、土壤、植被、地形地貌等，这些因素既有独立作用，也有交互作用。对森林立地质量的评价通常是用林地上一定树种的生长指标来衡量的。但由于不同树种各自的生物学特性不同，各立地因子对不同树种生长指标的贡献或限制也不同，因而立地质量往往因树种而异，同一立地类型，有的适宜多个树种生长，有的则只适宜几个树种。通过立地质量评价，便可确定某一立地类型上生长不同树种时各自的适宜程度，这样就可以在各种立地类型上配置相应的最适宜林种、树种，实施相应的造林技术措施，使整个区域达到"适地适树"和"合理经营"，使土地生产潜力得以充分发挥，实现地尽其用。

森林立地评价的研究有悠久历史，近代国外森林立地评价研究始于 18 世纪的德国，当时林学家们试图用编制林分收获表的方法来评价林地生产力的高低。19 世纪初以来，各国林学家、生态学家对立地评价方法进行了大量研究和探讨，归纳起来有三种代表性方法：一是定性评价，根据指标性植物、土壤、地形、地貌等环境因子去间接评价立地质量；二是定量评价，根据林分胸高断面积、平均树高、优势平均高、蓄积量等林分特征因子对立地质量进行直接评价；三是综合评价，将直接评价和间接评价结合起来对立地质量进行综合评价，近年来随着统计方法和计算机技术的应用，立地评价方法正朝着定量化、模型化、综合化和多元化方向发展。

我国立地评价始于 20 世纪 50 年代，当时用的是地位级即林分平均高分级，70 年代末期才开始对落叶松、杉木、马尾松研究立地指数，这期间间接评价方法也开始研究，运用数量化理论模型编制数量化地位指数表，但精度均不高，缺乏系统表格。从 1986 年起，一批森林立地研究项目列入国家"七五"重点科技攻关课题，对我国森林立地评价进行了全面、深入、系统的研究，整体水平步入国际先进行列。

3.1 用材林基地森林立地分类、评价及适地适树研究

由中国林科院张万儒、盛炜彤、刘寿坡等主持完成，研究范围包括大兴安岭北部、小兴安怜、长白山中部、长白山南部林区、黄泛平原混农林区、江汉平原混农林区，天目山东部，天目山西部，幕阜山、武夷山、雪峰山、南岭山地、十万大山林区等我国东部季风立地区域有代表性的 14 个用材林基地重点林区，研究树种有兴安落叶松、樟子松、红松、长白落叶松、杨树、泡桐、刺槐、杉木、马尾松等 9 个主要用材树种，采用在宏观和微观上保证包含全部生态幅度的典型代表性样地的取样方法，完成样地 9855 块，解析木 9209 株，取得土壤、植株分析数据 578447 项次，设置用于立地质量动态评价的固定样地 105 块。在立地范围内将收集到的样本资料，按立地亚区和立地类型区分别作优势木的归类统计分析，确定建模单元，在建模单元内确定立地指数曲线模型，并建立各树种以立地因子为解释变量的数量化地位指数模型和以地位指数和年龄为解释变量的标准收获模型进行树种间代换评价，用标准林分密度的概念进行立地蓄积量的评价，据此建立了我国用材林基地森林立地的评价系统，这套系统的建立，在造林树种选择时，不但可以明确某一立地类型的适宜树种，而且还可预测树种在每一年龄段的木材产量，为用材林基地的适地适树从理论和技术上提供了科学的技术基础[97]。

3.2 太行山适地适树与评价

由中国林科院杨继镐、山西省林勘院王国祥等主持完成，在立地质量评价上，采用立地"产出"的某些分量作为评价指标，包括：

（1）立地生产力，以油松、侧柏、刺槐、落叶松、栓皮栎、辽东栎、青杨、山杨、云杉、华北松和 NFDA1 子栎等 12 个树种的地位指数、拟标准林分蓄积生长过程来标定。

（2）土壤肥力，以土壤有机质含量标定。

（3）生态指标（土壤保水性、易侵蚀性），以土壤保水系数和土壤侵蚀系数标定。

（4）立地经济指标，以立地期望值来标定。

（5）植物适宜性，以太行山经济植物资源，立地上植物种数量来描述。

这些指标反映出了森林的重要经济、社会、生态效益，在评价方法上采用多个指标分别对立地生产力、立地经济效益和生态效益进行多功能综合评价。生产力评价在编制主要树种地位指数表的基础上，通过数量化、定量化及考虑因子之间的交互效应分析，建立定量化地位指数模型，然后以地位指数为杠杆，建立林分标准蓄积收获模型，以地位指数和标准蓄积为依据，划分立地生产力等级。立地经济评价以生产力评价为基础，通过建立以标准蓄积量、年龄和木材价格为解释变量的立地期望值计算模型进行评价。立地生态评价主要是用立地的保水蓄水性能来评价，在此基础上建立了综合评价表，该评价表列出了各立地小区、立地类型组、立地类型的立地生产力评价、立地经济评价、立地生态评价。课题根据立地评价的有关信息建立了适地适树应用系统，应用该系统进行树种选择，不仅可以得到不同树种造林后的树高、胸高断面积、蓄积量等生产力指标，而且还可以得到经济、生态等评价指标[98]。

4　基于树种耐旱性评价的树种选择

水分亏缺是制约树木生长的重要环境因子，干旱胁迫所导致的作物和树木的减产，可超过其他环境胁迫所造成的减产的总和。目前，世界上有 1/3 以上的土地处于干旱和半干旱地区，其他地区在植物生长季节也常发生不同程度的干旱，我国华北、西北、内蒙古和青藏高原绝大部分地区属于干旱半干旱地区，约占全国土地面积的 45%，因此，研究树木对干旱胁迫条件下的生长、生理反应，探索抗旱机理，建立树木耐旱性评价指标体系，选择和培育抗旱高产树种，提高树木生长潜力，是摆脱干旱胁迫的最基本途径。

4.1　水分胁迫对树木生长和生理代谢的影响

4.1.1　水分胁迫对树木生长的影响

生长是代谢过程在形态上的综合表现，植物生长对水分亏缺最为敏感，轻度的水分胁迫就会影响植物生长。因此水分不足第一个可测到的生理效应就是生长减慢。据研究，在控水条件下，许多植物在叶水势 −0.2~0.4MPa 时生长就迅速下降，而光合速率在 −0.8~1.2MPa 时才开始下降。水分胁迫对树木的影响是多方面的，可导致树木高、茎、根系生长、叶片数、叶面积、生物量和树冠结构等受到抑制，Myers（1988）[100] 发现限制水分供应，桉树苗木叶片数减少了 5 倍，单叶面积下降了 20%。Mahonty（1992）[99] 报道，在中度和重度水分胁迫下，杂种杨叶面积扩展下降，叶片脱落数增加。Mazzoleni 等研究表明，水分胁迫下，杨树杂种无性根系的生物量积累增加，茎/根比较小[101]。

植物组织的生长取决于细胞数量的增加和体积的增长，一般说来，细胞扩展过程比细胞分裂对水分胁迫更敏感。细胞的扩展主要受膨压的控制，植物缺水后膨压下降，细胞体积变小，Noyer 研究发现向日葵和玉米在叶水势为 −0.25~−0.15MPa 时，叶伸展最快，−0.4MPa 时向日葵叶停止生长，玉米叶生长下降20%，但 Metcalfe 等也曾报道水分胁迫引起细胞分裂能力下降[102]。

4.1.2 水分胁迫对树木气孔运动的影响

被子植物和裸子植物具有多样性的气孔运动形式，它们的气孔由环境和内在响应相结合进行调控。水分胁迫能够引起气孔关闭，气孔关闭有利于保护植物体内水分平衡，推迟水分亏缺发展到有害或致死程度的时间，但同时也限制了 CO_2 进入，减弱了光合作用。

水分胁迫还能引起气孔形态特征的变化。Zagdansha 发现小麦在旗叶组织分化时遇到水分胁迫会导致不可逆转的叶面积变化，叶片变薄，气孔密度增加。Hirasawa 指出，水分胁迫导致葵花叶片气孔的非均性关闭。Nautiyal 报道桉树杂种和楝树气孔密度和气孔长度随水胁迫加剧而减少。[149]

4.1.3 水分胁迫对树木光合作用的影响

轻度缺水一般不直接影响树木光合作用，当叶水势下降到某一数值后，光合作用稍有下降，然后迅速下降。光合速度开始下降时的叶水势值因树种和试验条件而异，变幅大约在 −2.5~−0.5MPa 之间。Regehr（1975）[103] 报道，杨树叶片水势在 −0.8MPa 以上时，光合速度不受影响，而下降到 −1.1~−1.0MPa 时光合速度急速下降，如果在叶水势 −1.0MPa 时灌水，36h 后光合作用可恢复到正常的80%，而在 −1.5MPa 时灌水，只能恢复到 50%。Gebre 等（1993）[104] 对 2 个杨树无性系研究发现，经过 3 天干旱处理后，一个无性系（Ohil Red）在清晨叶水势为 −0.32MPa 时净光合速率下降到对照的 13%，重新加水 18h 后，净光合速率恢复到对照的 103%；另一个无性系（Platte）在叶水势为 −0.21MPa 时，净光合速率下降到对照的 43%，复水后能够完全恢复。Ohio Red 净光合速率的恢复主要是由气孔因素决定的，而另一个无性系则主要是由非气孔因素决定的。对其他树种的研究也得到了相似的结论[105~108]。

一般认为水分胁迫下植物光合作用的降低主要原因是由于气孔关闭切断了外界 CO_2 向叶绿体的供应和叶肉细胞光合活性下降之故（Boyer，1976；Far-quhar 等，1982）。但是关于水分胁迫下引起光合作用下降的主要因素是气孔因素还是非气孔因素，还众说不一。Barlow（1983）[149]认为气孔导度的降低是光合速率下降的主要原因；Farauhar 等（1982）[149]认为叶肉细胞光合活性的下降是主要原因。他们认为，除了外加 ABA 和降低周围空气湿度这两种情况外，气孔导度的下降很难说是光合速率下降的主要限制因素。在国内，许大全等（1987）[111]和上官周平等（1989）[109, 110]认为，轻度水分胁迫下，气孔导度的下降是引起光合作用降低的限制因素，而严重水分胁迫下叶肉细胞光合活性下降是引起光合作用下降的主要因素。由此可见，关于水分胁迫下使光合作用降低的气孔和非气孔因素限制作用的大小，还需要作进一步的工作。

4.1.4 水分胁迫对树木呼吸作用的影响

通常呼吸作用随叶水势的下降而下降。如 Kozlowsik 和 Gentile（1958）[112]对美国白松的芽的报道就是如此。Boyer（1970）[149]对大豆、玉米、向日葵的研究表明：幼苗的水势从 –0.8MPa 降低到 –1.6MPa 的过程中，其呼吸作用稳定地下降。但水势的进一步下降，就不再引起大豆幼苗呼吸的减低，表明参与呼吸的酶系对于脱水具有相当的忍耐性。Wilson 等（1980）[149]测定了高粱幼苗的维持呼吸和生长呼吸，结果表明，随着叶水势的下降生长呼吸比维持呼吸下降得更为明显。因此他们认为，生长抑制是缺水植物呼吸下降的主要原因。关于呼吸作用，虽然一般认为随着叶水势的下降而减弱,但也有不少相反的报道。Parker（1952）[113]曾报道针叶树的小枝和针叶在极度脱水时，呼吸作用可暂时增加后再降低。Brix（1962）对火炬树，Moonty[114]（1969）对地中海区域的一些常绿阔叶树的报道也有类似的现象。总之，对于水分胁迫下植物呼吸作用方面的研究还不太多，对有些变化还缺乏令人满意的解释。

4.1.5 水分胁迫对树木蒸腾作用和水分利用效率的影响

水分胁迫下气孔关闭，导致蒸腾速率下降，下降的幅度因树种和胁迫强度而有差异[115~117]。一般认为，蒸腾作用比光合作用对水分胁迫的反应更为敏感，这是植物对干旱适应的一种反应。植物在水分胁迫下通过减少水分消耗的同时能够维持一定的光合生产能力，提高水分利用效率，从而提高对饥饿的忍耐能力，有利于增加对干旱胁迫的抵抗[118]。净光合速率与蒸腾速度的比值反映了树木的水分利用效率，当树木受到干旱胁迫后，其水分利用效率通常都会不同程度地提高[119, 106, 120, 117, 121]。Seiler 等（1985）报道，火炬松苗木在清晨叶水势为 –1.4MPa 时蒸腾速度下降了30%，水分利用效率提高

67%。

4.1.6 水分胁迫对蛋白质合成的影响

水分亏缺不仅抑制蛋白质的合成，而且促进蛋白质的解体，从而加速叶片的衰老过程。现有的证据表明，水分胁迫抑制蛋白质的合成主要原因是由于多聚核糖降解，蛋白质合成在翻译水平上受阻。近30年的研究表明，水分胁迫使许多植物的核糖核酶（RNase）活性增加。由于RNase活性增加，自然使信使m-RNA降解，引起多聚核糖体解聚。当然这种解聚与水分胁迫的程度有密切的关系。有些植物的多聚核糖体解聚之后，恢复供水，单核糖体重新聚合，这说明信使m-RNA没有被解体。关于NRase活性增加的原因，现在一般认为是：由于水分胁迫促进了RNase的重新合成（TBopyc，1970）[149]；胁迫引起的模结构的破坏促使RNase从细胞的区隔中释放出来，从而增强了酶的活力（Kessler，1961；Vieira等，1976）[149]。此外蛋白质受抑制与DNA的复制和转录受阻也有关系。

4.2 树木耐旱性评价的指标体系

在耐旱树种的选择过程中，一个最重要的问题是依据什么进行选择。由于树木的耐旱机理十分复杂，耐旱性是受许多形态、解剖和生理生化特性控制的复合性状，在不同形态解剖和生理特性之间既互相联系又互相制约，既要考虑树木在干旱环境中维持水分动态平衡的能力，又要考虑在水分亏缺时生理过程和生长发育的改变。下面从树木形态、解剖和生理生化等指标研究进行总结。

4.2.1 形态指标

植物根系的生长特征是一个重要的耐旱性指标。深根系的植物往往比浅根系的植物更耐旱，度量根系状况的指标有：根重、根数、根长、根/茎比和根系伸展速率等。有关根系生长与耐旱性关系研究比较多，Rhodenbaugh等人[122]在研究三个杨树无性系扦插苗早期生长时指出，在水分胁迫或无水分胁迫的条件下，早期叶子、根系生长速率与杨树无性系生长潜势的相关性至关重要。Vijayalakshmi等人[123]研究根系类型对水稻产量影响时，认为耐旱品种有更好的根系穿透能力和分布深度。Fukai等人[124]也认为根系深且密度大的水稻适合高原生长。叶子特征尤其是叶子解剖结构，胁迫下叶子运动形式也是一个重要的耐旱指标。旱生型叶子结构特点要比湿生型叶子更有利于减少水分损失，如叶子大小、叶片厚度、绒毛、蜡被、气孔频率、栅/海比值等[125, 126]。李吉跃[127]研究指出，针叶树的构造比阔叶树更有利于防止水分丧失。Li等人[128]认为多倍体的单位叶面积气孔少、上下表皮厚、多绒毛，而表现出比二倍体更能忍耐水分胁迫。木质部压力势也在一定程度上能够指示水分胁迫的程度。Maruyama 等人[129]研究指出，木质部压力势（XPP）随土壤干旱程度呈指数形式下降。Rodem 等人[130]、Mazzoleni 等人[131]也做了相关研究。

4.2.2 生长指标

植物生长过程对水分亏缺最为敏感，轻微的水分胁迫就能使生长减缓或停止[132]。植物在干旱条件下生长状况，如株高、叶面积、生长量、干物质积累等，或干旱和非干旱条件下生长状况的比较，经干旱处理解除干旱后的生长表现等均可用来评价品种间抗旱生产力的差异。特别是抗旱品种选育中，生长指标具有无可替代的作用。在农业抗旱品种选育中，生长指标被广泛应用，高粱苗干旱处理一段时间后，测定株高、叶数、叶面积、最大根长、幼苗干重，并与对照比较，由此鉴定供试品种的抗旱性；Larsson 以干旱下的初生根和叶面积为指标，评定了燕麦品种间的抗旱性差异；Sammons 等用干旱下叶片扩展速度、植物生长速率和干物重来比较 22 个大豆品种的抗旱性，并在棉花、小麦等作物抗旱性鉴定上加以利用[133]。

4.2.3 生理指标

包括度量植物水分状况的指标，如水势、水分饱和亏缺、叶片膨压、水分利用效率和束缚水含量等，以及与水分相关的某些生理指标，如气孔导性、蒸腾速率、光合速率、叶片保水力、渗透调节能力和细胞质膜透性等。植物的抗旱性与植物的生理生化特性密切相关，生理指标是抗旱鉴定中应用最广泛的指标。水势是衡量植物水分状况和水分胁迫的最主要指标。在干旱条件下能维持较高水势的品种，被认为是抗旱的品种。Steponkus 等提出叶片生长速率为零或为对照的 50% 时的黎明叶水势值是鉴定品种抗旱性的敏感指标[134]。

气孔调节对控制水分损失和减轻干旱的进一步发展起着重要作用，通过气孔，水分可损失 80%~90%。因此，气孔导度或气孔阻力就成为衡量植物干旱条件下抗旱性的重要指标。一般认为，干旱胁迫条件下，抗旱品种的气孔阻力大于不抗旱的品种[136]，但也有人认为结果正相反[135]。水分胁迫下，气孔的关闭，会产生两种不同的效应：一是使蒸腾速率下降，有利于保持体内水分，缓解旱情；二是气孔关闭切断了 CO_2 扩散通道，使植物光合能力迅速下降，不利于生长。因此气孔导度或气孔阻力指标应与生长相结合使用。Kelliher 等（1980）[137]认为，在叶面积扩展停止时的气孔阻力，是选择耐旱杨树无性系的重要指标。Kozlowski（1985）发现，在逐渐的水分胁迫中，速生无性系比慢生无性系气孔交换效能要高。离体叶片保水力已广泛应用于植物抗旱性鉴定中，对大多数植物来说，叶片离体后 1~10min 内气孔开始关闭，由于常常采用长时间脱水（一般 6~24h），因此，它反映的主要是由表皮和角质层阻力控制的非气孔蒸腾。植物体在干旱胁迫下的膜伤害与质膜透性的增加是干旱伤害的本质之一。叶片在离体或受到水分胁迫后，质膜受损，透性增加，使细胞内含物失去控制，外渗液中的电解质浓度随之增加，此时测其电导率可反映其质膜伤害程度，其值大小与品种的抗旱性有关。一般在水分胁迫下，不抗旱的品种电导率值高于抗旱的品种。质膜透性的变化实际上反映了植物的避旱性和耐旱性，所以是一种较综合而准确的抗旱鉴定指标[133]。

4.2.4　生化指标

水分胁迫导致某些蛋白、氨基酸和可溶性糖等物质大量合成，如脯氨酸、ABA、甜菜碱等[138-140]，Belanger 等人[141]研究美洲山杨的 5 个无性系微体繁殖时，在 3 个渗透势（–0.45、–0.8 和 –1.2MPa）下，丙氨酸、精氨酸、天冬酰胺、谷氨酰胺、谷氨酸及脯氨酸含量都有提高，且 5 个不同无性系之间存在显著性差异，其中脯氨酸含量是随水分胁迫加深而增加。代谢产物含量与耐旱性之间存在一定的相关性。但用这些生化代谢产物做耐旱性指标仍存在着争论。徐新宇等人[142]报道，不耐旱的品种和脯氨酸含量比耐旱品种要高，AlHakimi 等人[143]研究指出，叶片中可溶性糖的含量与 RWC 或胁迫程度呈正相关，他所用的试验材料小麦（*Triticum. durum*）脯氨酸含量在个体间差异很小。Furuya 等人[144]也进行了相关研究。从目前的研究结果来看，选用生化代谢产物作植物耐旱指标应十分慎重。

4.2.5　标记基因

寻找耐旱性的标记基因（marker genes）是一发展趋势。一旦获得可靠的标记基因，即该标记与耐旱性呈高度相关，那么标记基因的遗传稳定性是可以得到保证的，因此重点在于广泛筛选与重要耐旱指标相关联的标记基因。由于耐旱指示性状往往是多基因控制的数量性状，这无疑使得基因标记工作变得很艰难。近年来这方面也有成功的报道。Sutka 等人[145]应用小麦染色体附加系（chromosome addition line）研究，根据叶片相对含水量（RWC）、干旱敏感性指数（DSI）、多性状选择效率（MSE）及一般适应性分析指出，Ag. elongatum 小麦的 5E 染色体是一个与耐旱性相关联的染色体，显示了在干旱条件下改良小麦产量的希望。Farshadfar 等人[146]应用小麦染色体置换系（chromosome substitute line）寻找控制 RWC、相对水分损失（RWL）、DSI 及表型稳定性的基因，结果指出与这些性状相关联的基因位于 1A、5A、7A、4B、1D、3D 和 5D 上，即多条染色体上。

4.2.6　综合指标

正因为水分胁迫对植物生长发育、生理生化过程等产生多方面的影响，于是人们也在寻找应用综合指标来代替单项指标，把根系、叶子、茎生长、生理生化指标按一定的数量综合构成一个选择指数（selection index），其优点是容纳更多的信息，以提高选择的可靠性。蒋进等人[147, 148]依据叶片水分状况、蒸腾速率和叶片解剖构造等指标对西北主要旱生树种的耐旱性进行了排序。张建国[149]在研究我国北方主要造林树种耐旱机理时，对叶片保水力、渗透调节、耐干化能力等指标进行分类、排序。这些研究为采用综合抗旱指标体系的应用迈进了一步。因此，在耐旱性基因标记、定位研究尚未完善之前，可以预计，应用综合指标评价植物耐旱性仍有很大潜力[150~151]。

4.2.7 我国树木耐旱性研究概述

我国对树木耐旱性的研究主要从 20 世纪 80 年代初才开始逐渐受到重视，多年来，已研究过的乔灌木树种已达 60 种左右，为解决我国广大北方干旱半干旱地区的适地适树的造林问题，起到了积极作用，其研究内容主要表现在三个方面：一是对干旱生境条件下树木受干旱危害的形态观察，如王九龄先生对北京西山树木耐旱能力的观察，为我们提供了树木耐旱能力大小最为直观的资料；二是从解剖构造方面探讨树木对干旱的适应特征，如冯显逵对宁夏干旱地区树木叶片旱生结构的研究，李翠仙等对腾格里沙漠主要旱生植物旱生结构的观察，李正理等对甘肃九种旱生植物同化枝的解剖观察等；三是从水分生理的角度研究树木对干旱生境的反应和适应，如张耀甲对多枝柽柳、白刺、梭梭、沙枣和小叶杨抗旱性的研究，刘家琼对荆条和花棒生理特性的研究，王世绩等对杨树水分关系的研究，李铭枢对油松、樟子松和赤松抗旱生理特性的研究，郭连生等对樟子松、油松等 7 个针阔叶树种水分参数的研究，武康生对栓皮栎水分关系的研究，沈国舫和李吉跃对太行山区主要造林树种耐旱性的研究，李庆梅等对油松不同种源水分参数的研究，张建国对北方主要造林树种耐旱机理及其分类模型的研究等，这些研究工作都从不同层次和侧面研究了树木对干旱逆境的反应和适应，大大丰富了我们对这些树种耐旱性的认识，尤其是李吉跃对太行山区主要造林树种耐旱特性的研究，标志着我国树木耐旱性研究进入了一个新的阶段。在此基础上张建国建立了树木耐旱性评价指标体系，依据树木耐旱机理的分类结果建立了树木耐旱机理的 Fuzzy 模式识别模型，他还研究了人工林的叶水分参数和季节变化规律，发现阔叶树种在刚刚放叶、针叶树在抽枝和新叶生长期的耐旱能力能够反映树木整体耐旱能力的大小，并通过树木耐旱能力的综合评价发现大树的评价结果与盆栽苗木试验结果以及野外观察结果基本一样，因此他提出了在树木耐旱能力最弱的时期应用水分参数准确评价树木耐旱能力强弱的新方法。

5　基于树种抗污吸污能力的树种选择

　　1962 年美国生物学家雷希而·卡生（Rachel Carson）出版了划时代的巨著《寂静的春天》，唤起了全人类的环境意识，环境问题已引起了上至国家元首下至普通百姓的普遍关注。1992 年世界各国首脑在巴西的里约热内卢召开了国际环境与发展大会，通过了《里约环境与发展宣言》，许多国家开始采取一系列环境治理措施，生物工程措施受到科学家的关注，科学工作者开始把目光投向了具有最大表面积的植物，尤其是枝叶繁茂的木本植物，希望了解大气污染会对植物产生什么样的影响，植物是否能利用自身的新陈代谢功能来改善环境质量，植物与大气污染的关系研究，得到了较大发展。

5.1　大气污染对植物生理代谢活动的影响

5.1.1　大气污染对植物酶系统的影响

　　植物体内的一切生理代谢活动都是在酶的参与下完成的，酶活性的高低，将直接影响植物代谢的快慢。许多研究表明，大气污染可导致酶分子空间结构和酶活性的变化[152~156]。O_3 是一种强氧化剂，很多含巯基的酶（如磷酸葡萄糖变位酶、多聚糖合成酶）会因巯基被氧化而失去活性[152]，SO_2 进入植物体后，形成的 HSO_3 会使核酮糖 –1.5- 二磷酸羧化酶和其他光合酶受到明显抑制[157]，高浓度的 SO_2 会引起抗坏血酸酶活性钝化，氟化物对烯醇化酶有抑制作用[152]，NO_2 和 SO_2 进入叶片后可使过氧化氢酶钝化。

5.1.2　大气污染对细胞膜系统的影响

　　植物细胞是一个膜系统，一切代谢活动都是在膜系统上进行的，大气污染常常会引起膜系统的破坏。膜的组成成分主要是蛋白质和磷脂，SO_2 进入植物体后形成的 SO_3^{2-} 与二硫化物（如胱氨酸）发生作用，切断了含硫蛋白双硫键，导致膜结构破坏[158]，O_3 对硫氢基的氧化作用，影响了膜结构的完整性，O_3 还氧化膜的不饱和脂类，产生过氧化物诱导丙二醛的形成，使总脂肪酸量下降，亚麻酸、亚油酸等多价不饱和脂肪酸解体。组成叶绿体类囊膜的主要成分是糖脂，它在接触 O_3 后会很快减少，降低了叶绿体的生理功能[152]。

5.1.3　大气污染对植物光合作用的影响

　　由于大气污染降低了许多光合酶的活性，破坏了叶绿体的膜结构，因此导致植物光合作用的减弱。Blinby 发现 HF 污染下细胞的叶绿体变小，基粒—类囊体系统膨胀，使基粒与类囊体相贴不紧[159]，李振国观察到植物经乙烯处理后，显著提高叶绿体中嗜锇小体数量[160]。大气中的氟化物破坏了植物的叶绿体，使叶绿素 a、b 含量下降,降低了植物的光合速率[152]。大气污染使得光合作用减弱的另一个原因是大气污染使植物的有效光合组织减少,大气污染一方面使植物的叶变小,叶总量减少,另一方面,由于大气污染的伤害,使植物叶子产生伤斑[161]。

5.1.4 大气污染对植物呼吸作用的影响

多数情况下大气污染使植物的呼吸作用加强,唐永銮在对红松的实验中发现,当 SO_2 浓度达到 $2.0\mu g/g$ 时其呼吸作用增加 1.5~2.0 倍[162]。单运峰用 pH 值分别为 4.5,3.0 和 2.0 的模拟酸雨处理青冈幼苗,发现其暗呼吸速率分别增大 9.3%、10.6% 和 123.6%[161],Tanakarb 报道 SO_2 促进 C_3 植物光呼吸速率增加 25% 以上,产量下降 15%[157],大气污染增大呼吸速率减少物质积累,对树木的生长产生抑制作用。

5.2 大气污染对植物个体和群落的影响

5.2.1 大气污染对植物个体生长发育的影响

大气污染物降低了植物的光合作用,增强了呼吸作用,使同化物的积累减少,引起植物生长减缓,发育受阻,生物量下降。据日本一个林业试验场报告,将榉树幼苗分别栽于 SO_2 污染区和非污染区,3 个月后在非污染区生长的苗木平均全株重 9.7g,而在污染区生长的苗木平均全株重仅为 2.5g,生长量下降了 74.2%。Garsed 报道苏格兰松在 $0.05\mu g/g$ SO_2 作用下 77 周后,直径生长量比对照低 20%;Farran 用苏格兰松在 $0.06\mu g/g$ SO_2 作用下 26 周后,干重比对照减少 50%,高和松针长度比对照减少 50% 和 25%[157]。但也有报道,在污染物浓度很低的情况下,NO_x 和 SO_2 可促进植物生长,起到叶面施肥的作用[161, 163~166]。

5.2.2 大气污染对植物群落的影响

当空气中的污染物浓度超过了植物忍耐限度时,就会对植物有机体产生伤害,使植物的生长发育受到阻碍,导致生长缓慢甚至死亡,但是由于植物的物种不同,对污染物的抗性也不同,即使同一种植物,不同变种,不同个体对同样的污染也有不同反应,在污染气体的影响下,群落中的部分对污染物敏感的种群逐渐减少甚至消失,另一部分抗性强的种群得以保存或发展,据 Rosonberg 报道在火力发电场附近的栎树、松树、铁杉混交林中,由于 SO_2 的影响,地被植物种类减少,而且离工厂越近,植物种类数目越少[152],江苏一个石油化工企业内某车间有 SO_2 排放,该车间三面环山,山坡上原来植被较好,是针阔混交林,该车间开始生产后,在 1 万 m^2 范围内马尾松针叶变黄,逐渐死亡,2 年内针叶树全部死亡,植被变成了阔叶林[164]。

5.3 植物对大气污染的抗性及防御机制

5.3.1 排外机制（抗性）

植物阻止大气污染物进入体内的机制称为排外机制。近年来围绕叶片的形态解剖学特征进行了大量研究[165~169]，发现不少有关该方面证据。廖志琴（1981）对受大气污染的 29 种树木叶片解剖结构进行观察发现，树种表皮层数多而厚的抗性强，层数少而薄的抗性弱[170]。王家训（1983）亦观察到具有复表皮的植物对大气污染有较强的抗性。孔国辉介绍，叶片角质层的加厚可增大气体污染物进入叶组织的阻力，增强植物对污染的抗性[158]，如抗性强的印度胶榕叶子角质层约 12μm，抗性弱的岭南酸枣角质层仅 3μm。气孔密度与植物抗性的关系目前还不明确，王家训和 Denh（1971）认为气孔密度低的植物抗大气污染能力强[161,169]，但廖志琴、Zimmerman 和 Hitchcock 则认为气孔密度与抗性无关。气孔的着生位置与抗性间的关系较明确，一般认为气孔凸出表皮外的植物对大气污染的抗性较弱，如白桦、紫椴、悬铃木等，气孔下陷的植物抗性强，如油橄榄、大叶黄杨等，若气孔下陷且周围环绕副保卫细胞，气孔隐蔽于凹陷的气孔窝内，气孔窝上又有表皮毛，则这类植物一般有较强的抗性，如多数桑科榕属植物，沙枣、夹竹桃等，但女贞和银杏例外[171~172]。还有一些人从另外一些角度发现叶片革质的植物比草质的抗性强，叶厚的植物比叶薄的抗性强，栅栏组织层数多和排列紧密的抗性强，海绵组织不发达且细胞间隙小的抗性强，叶绿体数目多的抗性强等。

5.3.2 耐性机制

植物在污染物进入体内后，通过抵御、积累、转移、消耗等生理活动限制或解除其毒性，减少受害程度的机制称为植物的耐性机制，许多植物在吸收了大量污染物后，仍不表现受害症状，表现出很强的耐性。葫芦叶在吸收较多的 SO_2 时，能将 SO_2 还原为 H_2S 后释放于体外，解除了 SO_2 的毒害[152]，有些植物在接触污染气体后，会自动关闭气孔，暂时停止气体交换，抵御污染物进入体内，洋葱遇到了 O_3 后，气孔迅速关闭，并在整个熏气期间一直保持关闭状态[161]。植物的代谢系统有时也可起到一定的防御作用，如植物接触到 SO_2 后产生多胺，它能与 H^+ 结合在一定程度上缓解细胞内的 pH 值下降，减轻 SO_2 对植物的伤害[152]，此外许多植物内还存在着一些清除活性氧自由基的解毒防御物，增大了植物对污染的忍受程度。

5.3.3 适应机制

植物在污染环境中经过一段时间，伤害症状不再发展，甚至得到一定程度恢复的机制称为适应机制。日本科学家用一种叫 Paraquat 的除草剂处理烟草细胞，反复进行继代选择，发现该工程苗不但对 Paraquat 有很强的抗性，而且能在 SO_2 环境中吸收更多的 SO_2 而不受害[152]。

5.4　树种选择

已有大量的研究材料证明，植物能够吸收周围环境中的污染物，因此用生物措施控制大气污染受到广泛关注，树种选择的研究引起了许多研究者的兴趣。但目前这方面的研究仍然停留在植物生长调查的水平，没有象抗旱树种选择那样从生理、生化等深层次研究入手，找到很可靠的选择指标和标准。

5.4.1　抗污树种的选择

目前，选择抗污染能力强的树种有两类方法，一是群落调查，二是人工模拟实验。

（1）群落调查。在污染源周围调查植物群落的种群变化。由于环境污染使群落中的敏感物种生长发育受到阻碍甚至死亡，而抗性强的树种则得以保存和发展。因此，可以从群落中物种变化和生长发育情况，选择对该污染抗性强的树种[165]。另一个调查的方法是对建厂以来人工栽植的植物进行调查。新中国成立初期，由于我们对环境污染阻碍植物生长发育的知识知之不多，随着工厂的建设栽植了许多植物（多数为观赏植物），工厂投产后，由于环境被污染，许多植物生长不良，有些甚至死亡，对其进行调查为选择树种提供了直接的证据。但是这些调查结果仅限于特定的环境和特定的污染条件，一旦环境变了，污染物种类变了或污染物浓度变了，这些结论就靠不住了。

（2）人工模拟实验。人工模拟实验的优点是可以准确反映出各种植物对特定污染物的抗性，但人工模拟实验由于常常改变了其他环境条件，如光照、温度、湿度、空气条件，特别是很难模拟自然条件下污染的波动性，因此，结论的准确性较低。因为自然条件下污染物的种类、浓度总是处于波动状态，如日变化、季节变化、自然风速风向变化也会引起污染物浓度的变化，而正是这种变化给许多树种以适应和恢复的机会。因此，目前的模拟实验结果也只能作为参考，尚不能准确反映植物的抗污染能力。

5.4.2　吸污能力强的树种选择

许多研究结果表明，植物吸收环境中的污染物后会通过各种代谢途径向体内其他器官转移，但由于研究手段和其他条件的制约还不能准确研究某些植物的转移比例和途径，因此，树种吸收污染物能力的指标仍以叶片某一时期的含量来进行。

（1）以污染区和非污染区叶片中污染物含量来评价。这种方法在国内外都很流行，比较直观、实用，但不能反映各树种在不同污染条件下吸污能力的变化规律，条件变了，结论就不准确了。

（2）人工熏气试验。这方面的研究国内做了大量试验，但因时间较短，试验环境不自然，结论仍不够准确，但结合同位素自显影试验，多少能反映出污染物在体内的转移比例。抗污树种的选择研究还较肤浅，需要不断探索。

第3章 研究地区自然环境概况

包头市地处蒙古高原南端，南临黄河，东西南侧为土默川平原和河套平原，阴山山脉横贯中部，包头市东与呼和浩特市接壤，西与巴彦淖尔市毗连，南与鄂尔多斯市隔黄河相望，北接乌兰察布市。地理座标为东经109°22′~111°07′，北纬40°15′~41°29′，东西长145km，南北宽140km，土地总面积27 691.01km²。

包头市是内蒙古自治区最大的工业城市，也是西北地区的重工业基地，市辖8个区（旗、县），即昆都仑区、青山区、东河区3个市区，石拐（煤矿）、白云鄂博（铁矿）2个矿区及郊区，土默特右旗、达茂旗和固阳县3个农牧业旗（县），总人口196.2万人，其中农牧业人口76.8万人。

1 地形与土壤

包头市地处内蒙古高原的中西部，海拔为997~2338m，阴山山脉的大青山、乌拉山亘于中心，呈东西走向，将全境分为中部山岳地带，山北高原和山南平原三个地貌类型，使整个地区呈中间高、北高南低、西高东低的地形，中部山岳地带东西长145km，南北宽50km，九峰山为大青山最高峰，海拔2338m，乌拉山在1200~2000m之间，相对高度1000m左右，主峰大桦背为乌拉山最高峰，海拔2324m。北部高原，坡度平缓，向北梯伏倾斜，逐渐倾没于内蒙古高原之中，海拔平均1500m左右，最北端是白云鄂博高地，向南进入固阳县境内，依次为低山丘陵、白灵淖盆地、中低山的色尔腾山、固阳盆地，南抵大青山北坡。山南平原主要为山前洪积平原和黄河冲积平原，海拔997~1100m。黄河冲积平原占平原的70%，沿黄河展开，地势平坦。山前洪积平原的中上部和古老的冲积平原上，残留面积不大的栗钙土类，其余大部为灌淤土和盐碱土，市区土壤为灌淤土，pH值表现为微碱性到碱性。

2 气候特点

包头远离海洋，深居内陆，其气候属典型的大陆性季风气候类型。

（1）冬长而寒，夏短而燥，气温的昼夜差异、年际差异、地区差异都比较大。在最冷的 1 月份山南平均温度为 –12.3℃，山北为 –16.2℃，极端最低温度达 –37.4℃（1971 年 1 月 21 日）。在最热的 7 月份，山南平均温度 22.8℃，山北为 19.4℃，极端最高温度达 38.4℃（1971 年 7 月）。山南地区温度年较差为 35.1℃，山北地区温度较差为 35.6℃。

包头市区年均气温 6.5℃，冬季寒长，约为 120~151d，极端最低温度为 31℃。由于受蒙古高压的影响，经常有强度不同的冷空气入侵，温度下降有时可达 6~8℃。由表 3-1 中可见，12 月、1 月的平均气温在 –10℃以下，因此，低温寒害是包头市发展园林绿化的不利条件，尤其是冷空气的突然入侵导致气温的骤然下降，往往造成树木的死亡。

包头市夏季炎热短促，仅为 41~92d，市区极端最高温度达 38.4℃，气温变化大，日较差为 28.9℃，全年 10℃以上有效积温为 2965℃，10℃界限温度的出现期为 4 月 28 日，保证率 80% 为 5 月 4 日，终止日平均在 10 月 1 日，保证率 80% 为 9 月 26 日，界限内日数为 114 天，生长期短，有效积温不足，成为某些植物生长发育的不利条件。

表 3-1　包头市各月气温

Table 3-1　Monthly variance of temperature in Baotou

单位：℃

项目 \ 月份	1	2	3	4	5	6	7	8	9	10	11	12	年平均
平均	–12.3	–8.3	–0.1	8.4	15.9	20.9	22.8	20.7	14.6	7.3	2.3	10.5	
平均最高	–5.1	–0.7	7.5	16.2	23.6	28.2	29.5	27.1	21.9	14.8	4.7	3.6	
平均最低	–18.5	–14.9	–6.4	0.8	7.7	13.1	16.4	14.9	8.1	0.8	7.8	16.2	0.2

（2）降水量少而集中，且年际变化大。包头市年平均降水量在 240~400mm 之间，山南平均为 300~350mm，山北平均为 240~300mm。降水量从东向西和从南向北递减，山区大于平原，前山大于后山。石拐地区和土默特右旗山区为降水最多地区，多年平均降水量为 394mm，最少地区在白云鄂博矿区和固阳县的西北，多年平均降水量 238mm。

全市年降水量主要集中在 7、8 两月，占全年降水量的一半，在春季 3~5 月份降水稀少，在全年降水量中不足 15%（表 3-2），春旱十分严重，据统计，包头发生春旱的频率为 67%，发生初夏旱的频率为 61%，发生伏旱的频率为 39%，包头市旱灾发生的特点是普遍性、季节性，周期性和连续性。

表 3-2　降水指标表
Table 3-2　Precipitation indicators in Baotou

项目 \ 月份	1	2	3	4	5	6	7	8	9	10	11	12
降水量（mm）	1.9	2.8	5.7	16.4	21.2	30.4	80.9	86.6	36.7	21.0	4.4	0.8
百分率（%）	0.6	0.9	1.8	5.3	0.9	9.8	26.1	28.0	11.9	6.8	1.4	0.3
相对降水差	79	68	67	29	16	16	176	195	37	17	68	82
相对降水数	0.07	0.12	0.21	0.65	0.81	1.20	3.07	3.29	1.45	0.17	0.17	0.04

　　干旱是一种大范围发生的自然灾害，持续时间长，影响范围广，危害程度大，因此，包头市发展园林绿化事业必须选择耐旱功能强的树种，并且要加强树木的养护管理。

　　（3）春季干旱多风。全年平均风速山北 4m/s，山南 3m/s。空气十分干燥，平均湿润度为 0.30，干燥度为 1.8，春季由于多风（表 3-3）而温度又低，经常造成树木的生理干旱，导致大量树木的枯梢、枯枝甚至死亡。随着温度的升高，继而又经常发生干热风（表 3-4）其中日最高气温≥32℃，14:00 相对湿度≤25%，14:00 风速 >3m/s 的重型干热风平均达 0.9d，重型干热风出现一次就会对植物造成大的伤害。

表 3-3　包头市各月风速
Table 3-3　Monthly variance of wind velocity in Baotou 　　　　单位: m/s

月份	1	2	3	4	5	6	7	8	9	10	11	12
平均风速	3.1	3.4	3.7	4.2	4.0	3.6	3.2	3.0	2.9	3.1	3.2	3.1

表 3-4　包头市干热风指标
Table 3-4　Dry-hot wind in Baotou

多年平均干热风		连续出现 >2d 干热风的次数			年平均危害	
日数	重型天数	2d	3d	4d	次数	天数
7.0	0.9	1.4	0.5	0.1	2.3	5.0

由于包头春季干燥，风速大，植被稀少，经常形成沙暴，3~5 月份沙暴出现日数最多，约占全年的 65%，大风经常造成造林成活率下降，甚至将幼苗折断或拔起。

（4）全市年平均日照时数 3177h，平均每天 8.7h。其中山南日照时数 3000~3150h，山北为 3255h，由于海拔、纬度较高，日照条件较好，年均日照时数 3145h，太阳总辐射为 6176×10^6J/m²，从表 3-5 中可见，5 月和 6 月的太阳辐射值最大，从 7 月开始，辐射值减少，到 12 月达到最小，这种变化趋势一方面是由于太阳高度角度的变化，另一方面与云量变化有关，7、8、9 三个月是包头地区雨量最集中的时间，在 5~9 月整个生产季节，包头市总辐射量为 3348×10^6J/m²，占年总量的 54.8%，因此光照是很充足的。

在太阳辐射中，通常把 0.68~0.71 um 光谱区的可见光辐射称为生理辐射，或光合有效辐射，在这个光谱区内，植物可吸收利用光能，称为生理辐射，包头市平均生理辐射为 2953×10^6J/m²（表 3-5）。由于植物生长发育要求有一定的温度范围，一般日均气温低于 0℃时，生理辐射就不能被植物利用，统计表明在 0℃以上温度期间包头市总辐射为 4714×10^6J/m²，生理辐射为 2336×10^6J/m²，占全年总辐射量的 79%，光能的可利用率很高，但在城市中，由于高大建筑较多，在部分园林绿地用地中存在着终日不见阳光的地段，如高大建筑物的北面，立交桥下方，因此，虽然整体上讲包头市日照充足，但在部分园林绿化用地中存在光照不足的现象，在规划设计中应分别阳面、阴面、半阴半阳面合理选择树种，在育苗生产中应重视培养一部分耐荫植物。

表 3-5　包头市各月太阳辐射及日照时数

Table3-5　Monthly variance of solar radiation and time in Baotou　　单位：10^6J/m²

月份 项目	1	2	3	4	5	6	7	8	9	10	11	12	年
总辐射	297	352	511	611	758	762	708	628	528	444	370	268	6176
生理辐射	142	167	247	293	364	364	399	301	259	209	147	130	2953
日照时数	219	224	266	275	317	330	302	286	266	263	223	214	3177

（5）土壤冻结层比较深，最大冻土深度，山北为 278cm，山南为 175cm 以上。土壤冻结期均为 4.5~5 个月，土壤表层 10cm 的封冻日期，山北始于 11 月上旬，山南始于 11 月中旬，解冻日期山北始于 3 月底，山南始于 3 月中旬。

3　植　被

包头地跨阴山南北，由于地理位置、地形地貌及气候的影响，形成特有的植被群落和生态类型。阴山山脉是蒙古高原草原植被带和黄土高原草原植被带的分界线，所以除固阳县西北部属于向阿拉善荒漠区过渡以外，包头地区绝大部分处在上述两植被带的衔接交叉地带。以乌拉山、大青山分水岭为界，以南是暖温型草原带，以北是中温型草原带。

包头地区植物分布区域，大体上可分为四个部分，即山前土默川平原区，分水岭以南山地，分水岭以北山地，山北高原丘陵区。在植物地理区域划分上，这四个部分分别属于黄土高原草原植被带的阴南黄土丘陵州、阴山州和蒙古高原草原植被带的蒙古高原东部州、乌兰察布高原州。

山前土默川平原区，由于阴山山脉的天然屏障减弱了蒙古冷高压的影响，气候比较温暖，是半干旱的典型草原气候型，因此暖温型草原的特征明显，本氏针茅草原是最有代表性的地带性植被类型。但由于垦种历史悠久，天然本氏针茅草原保留不多，仅在梁顶或残丘上有小面积残留，而唇形科的小半灌木百里香侵入，形成次生群落。在地下水位较高的地方，以苔草、芨芨草盐化草甸以及马兰草甸等隐域植被为主。栽培植物，农作物有春小麦、玉米、高粱、谷子、马铃薯、糜子和大豆等粮食作物;向日葵、油菜籽、甜菜、亚麻等经济作物，以及茄子、黄瓜、西红柿、青椒、豆角、大白菜、胡萝卜和芹菜等蔬菜;林木主要有以防护林为主的杨、柳、榆等，果树主要有苹果、梨、葡萄、李子和杏等。

分水岭以南山区，海拔 1300m 以下的山地分布着本氏针茅草原，白草、羊草草原和大面积的百里香群落。海拔 1300~2000m 之间的山地，分布着大针茅草原、石生针茅草原、克氏针茅草原和松、榆、白桦、山杨、辽东栎、蒙古椴、青海云杉等乔木，以及黄刺梅、小叶鼠李、虎榛子、蒙古绣线菊等灌丛。在五当召附近有人工种植的油松、华北落叶松。九峰山一带有成片青海云杉林，林缘有少量白桦和蒙古绣线菊。

分水岭以北山区，包括丘陵、台地和丘间沟谷，克氏针茅群落为优势种，常见的还有荒漠草原的短花针茅、无芒隐子草和典型草原的糙隐子草、羊草等。半灌木冷蒿分布较普遍，有的地方可见小叶金露梅灌丛。海拔 1700m 以上的山地，植物分布主要是山地草甸草原植被，灌木以柄扁桃为主。

山北高原丘陵区，即固阳县北部白云鄂博广大地区，由于干旱气候的强烈作用，植物种类较其他地方少，以旱生草本与小半灌木居主导地位，森林区系成分全然绝迹。主要植物有戈壁针茅、短花针茅、石生针茅以及无芒隐子草、女蒿、蒙古野葱、灰叶黄芪、薯状亚菊和骆驼蓬等。栽培作物主要有春小麦、莜麦、荞麦、马铃薯以及油菜籽、胡麻等。

根据现有标本和文献记载，包头市共有植物 139 科、655 属、1449 种。其中野生植物 95 科、381 属、843 种,栽培植物 121 科、382 属、682 种。共有动物 35 目、

82 科、341 种，其中野生动物 35 目、31 科、302 种，饲养动物 7 目、14 科、39 种。共有菌物 61 科、127 属、236 种，其中野生真菌 58 科、123 属、228 种，栽培真菌 5 科、6 属、10 种。

4 城市园林绿化

新中国成立初期，包头市区仅有 63 株行道树和近邻零星树木 5 万余株，几乎全为杨、柳、榆。新中国成立后政府十分重视城市园林绿化建设，经过多年的艰苦奋斗，取得了很大成就。目前全市已有各种绿地 4319.94hm²，其中公用绿地 544.8hm²，专用绿地 985hm²，防护绿地 2001.1hm²，道路绿地 127.3hm²，生产绿地 585hm²。建有市属公园 5 座，厂属公园 4 座，小游园 24 座，城市绿地覆被率达 28.5%，人均公共绿地 5.82m²。市区保存各种树木约 130 万株，绿化用树种常绿乔木 8 种，常绿灌木 1 种，落叶乔木 43 种，花灌木藤本 28 种，计 80 余种，宿根花卉、球根花卉及露地草花约 200 多种。

5 环境状况

随着包头市工业的发展，环境污染日趋严重，环境质量不断下降。据有关部门报道，包头市的潜水及承压水已经受到严重污染，潜水总硬度与氟污染超标面积达 40%，承压水也达 5% 和 15%，酚、氰、六价铬、砷、氟、硝酸盐氮、矿化度、总硬度、硫酸根、氯离子综合污染面积达 65%，大气环境中，SO_2 年日均值五年平均质量浓度 0.139mg/m³，超过国家标准的 1.3 倍，CO_2 年日均值近五年平均质量浓度为 2.87mg/m³，日均值超标率可达 14.2%；NO_x 五年均值为 0.058mg/m³，日均超标率为 16.2%，飘尘五年均值为 0.34mg/m³，超标 1.2 倍，降尘五年均值为 63.62t/km²，超标 20%。严重的环境污染不但阻碍了农牧、林业的发展，对市民的健康也产生了危害，据卫生部门调查，包头地区居民实际日摄氟量已接近和达到对人体健康产生影响的程度。

第4章 主要研究内容及研究的技术路线

　　城市林业是以生态效益为主的多功能林业，它的总目标是改善城市的生态环境，促进城市的持续发展，为城市提供更多的能源、水源及木质纤维、花卉、食品等，美化生活、增进健康，提高市民的文化素质和审美情趣。城市林业是城市大系统中自然生态系统的一个子系统，受城市自然、社会、经济、文化和科技的影响。同时，城市林业系统内部的复杂结构也将直接影响其功能的发挥，如空间布局、林种结构、树种配置等，因此，科学经营城市林业必须从城市林业的多样性价值体系即生态价值、环境保护价值、旅游价值、文化娱乐价值、美学价值、保健价值及经济价值出发，划分为不同类型，因地制宜发挥树木的多种效益。

　　城市环境卫生林是城市林业的重要组成部分，是指分布在城市污染源周围及下风口危害范围内的林地，其主要作用是针对污染源的有害气体、液体、粉尘、废渣等物质通过合理选择树种，科学配置，直接吸收或滞纳有害物质，达到净化环境的目的，并起到美化环境、防风固沙、调节气候的作用。

　　城市污染源周围地区是环境污染对人体危害最严重的地区，也是防治的重点，在工厂内外有针对性地进行环境卫生林建设，因害设防能有效控制污染物的扩散。由于污染源附近污染物比较集中，科学建造环境卫生林能以很高的效率控制污染，起到事半功倍的效果。

　　研究的主要内容包括主要树种生长情况普遍调查，对影响树木生长的主导因子重点调查，对树木的耐旱性，对污染的抗性和吸收能力进行专项研究，并以经济、社会、环境三个效益相结合的方法进行环境卫生林树种选择和配置。

　　（1）主要树种生长调查。由于森林的培育周期较长，不可能各树种都通过造林试验后再去优选造林树种，因此，调查研究已有的人工培育的树木，掌握不同树种在不同立地条件下的生长状况以及对各种环境因子的适应性，是进行树种选择最直接的依据。

（2）立地因子对树木生长的影响。树种调查的结果是一个综合的、表面的结论,各立地因子尤其是主导立地因子对树木的生长发育到底起到了怎样的作用,在某些特定的立地条件下怎么选择树种,回答这些问题,就应该研究立地因子对树木生长的影响。

（3）树种耐旱性,对污染的抗性和吸收能力的研究。适地适树原则要求我们对立地性能和树种生态学特性都要有一定的认识,包头属干旱地区,水分不足是树木成活生长的限制因子,正确选择树种必须对树种的耐旱性进行评价。环境保护林建在污染源的周围,只有抗污染能力强的树种才能正常生长,同时只有吸收污染物能力强的树种才能对改善城市环境发挥更大的作用,从造林的目标出发,必须研究树种的抗污吸污特性。

（4）树种抗污吸污特性的生理基础研究。目前评价树木的抗污吸污特性的指标都是表面的,只反映了树种生物学特性的某一方面,其科学性和可靠性较低,研究树种抗污吸污特性的生理学基础,就是为了更深入地揭示其生理学特性的规律性,为建立科学的树种选择指标体系打基础。

（5）树种规划模型的研究。城市环境保护林的建设是一项社会经济活动,既涉及技术方面的内容（立地、树种）,也涉及经济（成本、效益、土地）和生态（环境、景观）方面的内容。因此,树种选择必须综合考虑,系统评价。

（6）树种配置模式研究。按生态位原则,种间关系和植物造景要求科学配置。

研究的技术路线如图 4-1 所示。

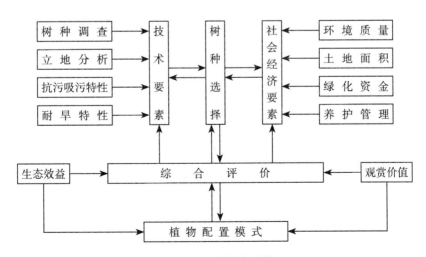

图 4-1　研究技术路线

Figure 4-1　Technical ortline of research

第 5 章　树种调查与立地条件分析

1 树种生长调查

新中国成立初期，包头市区仅有 63 株行道树和近郊零星树木 5 万余株，几乎全部是杨、柳、榆，新中国成立后城市园林绿化事业得到迅速发展，取得很大成就，现已有各类绿地 4319.9hm²，覆盖率达 23.1%，公共绿地 544.8hm²，人均 5.6m²，全市现存各种树木 1100 余万株，对这些树木的生长情况进行调查分析，有利于总结经验教训，科学进行树种规划，有利于提高园林绿化树种的成活率、保存率，提高园林绿化工作的社会、经济、生态效益。

1.1 调查方法

1.1.1 生长调查

对市三区 23 条主要街道上生长的树种，按树种随机抽样每木检尺，记录树木年龄和生长状况，对同种同龄树木计算平均胸径，确定平均标准木 5 株，测量树高、冠幅。

1.1.2 适应性调查

观察树木在遮荫、干旱、水湿、脊薄、盐碱、风沙等不利条件下的树木长势，分强、中、弱三个等级进行定性评价。

1.2 结果分析

1.2.1 针叶乔木的生长状况

从市区 9 个针叶树种 935 株树木的调查结果（表 5-1）看，樟子松、黑皮油松、云杉、杜松的生长势最好，白皮松、油松、侧柏、圆柏、落叶松生长势稍差。对各种不同因素的适应能力，9 个树种各有不同，从耐荫性看几个针叶树都属阳性树种，云杉耐荫性相对较好，杜松、圆柏次之，其他稍差；从耐旱性看，云杉的耐旱性较差，落叶松、圆柏稍好，其他几个树种都较强；从耐脊薄能力看，云杉、圆柏较差，油松、樟子松、黑皮油松、侧柏、杜松最强，白皮松居中；从耐盐碱能力看，除油松外，其他耐性都很强；从抗风沙、抗倒伏能力看，油松、樟子松、黑皮油松、白皮松、油松的适应性较强，侧柏、杜松居中，落叶松、云杉最弱。把生长情况与适应能力结合起来看，樟子松、黑皮油松、杜松是较好的绿化树种，圆柏、落叶松较差，其他居中。

1.2.2 落叶阔叶乔木的生长状况

由市区42个阔叶落叶树种3802株树木的生长情况调查结果看，河北杨、榆树、大叶榆、垂枝榆、洋白蜡、桑树、丝棉木、山楂、山梨、山丁子、海棠、山杏、山桃、李子、暴马丁香、黄太平、文冠果、白桦等19个树种生长较好，加拿大杨、小叶杨、青杨、龙爪槐、毛白杨、梓树、臭椿等8个树种生长情况较差，其余15个树种生长情况居中。从对各种不利因素的适应能力综合评价结果看，加拿大杨、小叶杨、银白杨、河北杨、榆树、洋白蜡、大叶白蜡、复叶槭、山皂荚、桑树、丝棉木、沙枣、山楂、核桃楸、山梨、山丁子、山杏、山桃、暴马丁香、文冠果、白桦的适应能力最强，钻天杨、箭杆杨、新疆杨、二青杨、白皮杨、槐树、刺槐、黄柏、海棠、李子、黄太平的适应能力居中，北京杨、垂枝榆、柳树、垂柳、龙柳、龙爪槐、毛白杨能力较弱。把生长情况和适应能力结合起来看，榆树、洋白蜡、大叶白蜡、桑树、卫矛、山楂、山丁子、山杏、暴马丁香、文冠果、白桦最好，北京杨、毛白杨、垂柳、龙须柳最差，其余26个树种居中。

1.2.3 花灌木（藤本）生长情况

对市三区内29种2136株花灌木的生长情况进行调查结果（表5-2）看出，多数花灌木生长良好，只有锦带花、雪柳、南蛇藤生长较差，抗旱、抗污染能力所有花灌木（藤本）都很好。

1.3 结　论

（1）生长表现好，对各种不利因素适应性强的树种有：樟子松、黑皮油松、杜松、榆树、洋白蜡、大叶白蜡、桑树、丝棉木、山楂、山丁子、山杏、山桃、暴马丁香、文冠果、白桦。

（2）生长表现和适应性居中的树种有：白皮松、油松、云杉、侧柏、加拿大杨、小叶杨、银白杨、钻天杨、箭杆杨、新疆杨、河北杨、二青杨、白皮杨、大叶榆、垂枝榆、柳树、槐树、龙爪槐、复叶槭、刺槐、山皂角、沙枣、樟树、黄柏、核桃楸、山梨、海棠、李子、黄太平、臭椿。

（3）生长表现不好，适应性差的树种有：落叶松、圆柏、北京杨、毛白杨、垂柳、龙须柳。

表 5-1 包头市树种调查表
Table5-1 The investigation of landscape

编号	树种	学　名	来源	调查株数	树龄	株高（m）	胸围（cm）	最大冠幅（m×m）
1	白皮松	*Pinus bungeana*	引进	9	23	3	18.5	1.2×1.4
2	油松	*Pinus tabulaeformis*	乡土	354	23	6.5	47	3.2×1.7
3	樟子松	*Pinus syivestco var. mongolica*	引进	34	15	2.5	17.	9.8×1.1
4	黑皮油松	*Pinus tabulaefoemiae var. mukdensis*	引进	34	30	7.0	67	3.6×2.7
5	云杉	*Picea meyeri*	乡土	137	25	3.2	27	3×2.8
6	侧柏	*Platycladus oritnealis*	乡土	118	30	8.0	40	1.5×1.5
7	杜松	*Juniperus rigida*	乡土	121	20	5.4		1.5×1.5
8	圆柏	*Sabina chinensis*	引进	47	25	7.5		1.5×1.5
9	落叶松	*Larix principis-rupprechtii*	引进	44	15	3.7	21	2.6×3.5
10	加拿大杨	*Populus canadensis*	引进	813	27	11	120	4.4×4.5
11	小叶杨	*Populus simonii*	乡土	273	30	19.5	150	6.4×3.5
12	银白杨	*Populus alba*	引进	47	15	5	40	2.6×3.0
13	钻天杨	*Populus nigra var.italica*	引进	217				
14	箭杆杨	*Populus nigra var. thesestina*	引进	340	15	10	55	1.5×1.5
15	新疆杨	*Populus bollaena*	引进	115	15	9	47	1.5×1.5
16	北京杨	*Populus pekinensis*	引进	64	18	85	45	2.5×2.1
17	河北杨	*Populus hopeiensis*	乡土	27	12	7.8	40	2.4×2.7
18	二青杨	*Populus Cathyan Simhii*	引进	47	18	8.2	50	3.5×2.7
19	白皮杨	*Populus Cana*	乡土	17	8	3.3	24	1.6×2.1
20	榆树	*Ulnus pumila*	乡土	125	21	12	100	4.5×4.7
21	大叶榆	*Ulimus laevis*	引进	17	11	9	62	3.7×4.2
22	垂枝榆	*Ulmus pumila var. pendula*	引进	2	7	2.5	14	1.5×1.2
23	旱柳	*Salix matsadana*	乡土	34	6	3	16	2.7×3.1
24	垂柳	*Salix babylonica*	引进	43	6	3.2	12	3.1×2.7
25	龙须柳	*Salix matsudana cv.tortulsa*	引进	17	12	3.1	25	1.7×2.1

（针叶乔木部分）

tree species in Baotou

生长势			适应性																							
1	2	3	耐荫			耐寒			耐高温			耐旱			耐水湿			耐脊薄			耐盐碱			耐风沙		
			1	2	3	1	2	3	1	2	3	1	2	3	1	2	3	1	2	3	1	2	3	1	2	3
		–	–	–		–																				
	–		–	–		–																				
				–						–						–			–			–				
			–							–					–			–			–					
–			–							–								–			–					
				–					–						–			–							–	
			–			–			–						–			–							–	
–						–						–			–			–								
–						–						–			–						–					
	–					–						–			–			–								
–										–					–			–								
–							–					–			–											
–				–			–					–														
			–				–					–			–			–								
	–					–							–													
			–						–			–						–								
			–				–		–			–						–	–							
			–			–			–			–						–			–					–
	–					–			–						–	–					–					
	–					–				–								–			–					–

编号	树种	学　　名	来源	调查株数	树龄	株高（m）	胸围（cm）	最大冠幅（m×m）
26	槐树	*Sophora japonica*	引进	6	30	13.	96	5.2×5.3
27	龙爪槐	*Sophora japonica cv.pendula*	引进	3	6	2.3	11	1.1×0.8
28	洋白蜡	*Fraxinus pennsylvanica*	引进	153	17	5.4	29.	2.7×3.1
29	大叶白蜡	*Fraxinus rhynchophylla*	引进	37	10	3.2	9.7	1.5×2.1
30	复叶槭	*Acer negundo*	引进	397	20	7.4	63	4.7×5.2
31	刺槐	*Robinia pseudoacacia*	引进	26	29	10.	100	4.6×5.5
32	山皂荚	*Gleditsia japonica*	引进	13	20	3.7	41	2.5×3.1
33	桑树	*Morus alba*	引进	147	20	7.2	85	5.3×6.2
34	丝棉木	*Euonymus bungeanus*	引进	127	20	3.1	98	5.2×4.7
35	沙枣	*Elaeagnus angustifolia*	引进	561	18	4.5	80	3.2×4.1
36	毛白杨	*Populus tomentosa*	引进	5	16	4.8	42	3.1×4
37	梓树	*Catalpa ovata*	引进	37	24	4.5	43	3.7×3.2
38	山楂	*Crataegus pinnatifida*	引进	7	20	5.7	23	4.1×4.1
39	黄柏	*Phellodendron amurense*	引进	3	19	3.7	31	2.4×3.1
40	核桃楸	*Juglans mandshurica*	引进	4	17	4.1	29	2.1×2.7
41	山梨	*Pyrus ussuriensis*	引进	20	20	5.2	31	5.5×4.7
42	山丁子	*Malus baccata*	引进	30	20	4.9	27.	3.9×2.7
43	海棠	*Malus prunifolia*	引进	15	20	4.2	30	5.1×4.7
44	山杏	*Prunus sibirica*	乡土	37	21	4.7	36.	4.5×5.2
45	山桃	*Prunus davidiana*	乡土	75	20	4.7	26.	4.1×3.6
46	李子	*Prunus salicina*	引进	6	20	4.7	36	4.5×5.1
47	暴马丁香	*Syringa reticulata*	引进	20	20	5.1	30	5.1×4.8
48	黄太平	*Malus Pumila cr.*	引进	75	4.5	4.7	35	6.1×5.7
49	文冠果	*Xanthoceras sorbifolia*	引进	127	21	3.1	29	5.4×4.7
50	白桦	*Betula platyphylla*	引进	13	15	5.3	27	3.1×2.9
51	臭椿	*Ailanthus altissima*	引进	2	33	8	64	4.1×4.8

注：生长势及各种耐性均分"强"、"中"、"弱"三级即1、2、3

续表

生长势			适应性																							
			耐荫			耐寒			耐高温			耐旱			耐水湿			耐脊薄			耐盐碱			耐风沙		
1	2	3	1	2	3	1	2	3	1	2	3	1	2	3	1	2	3	1	2	3	1	2	3	1	2	3
	−								−				−								−					
	−								−						−							−				
			−				−						−							−			−			−
			−				−						−							−			−			
		−					−						−							−			−			−
		−					−		−				−							−			−			−
	−						−						−							−						
			−				−						−							−						
		−					−								−						−					−
		−					−								−						−			−		
	−						−		−				−							−						
	−						−		−				−							−						
			−				−						−							−						
			−				−							−							−				−	
			−					−					−							−						
			−				−						−							−						−
			−				−							−							−					
			−				−						−							−						−
			−					−						−							−					
			−				−						−					−								−
			−				−						−							−						
			−					−					−							−						
	−								−				−							−						

表 5-2　包头市树种调查表
Table5-2　The investigation of

编号	树种	学　　名	来源	树令	株数
1	玫瑰	*Rosa rugosa*	引进	6	137
2	毛樱桃	*Prunus tomentosa*	乡土	15	127
3	连翘	*Forsythia suspensa*	引进	4	113
4	金钟花	*Forsythia vjridissima* var. *koreana*	引进	4	43
5	榆叶梅	*Prumus triloba*	引进	17	64
6	珍珠梅	*Sorbaria kirilowe*	引进	7	134
7	胡枝子	*Lespedea bicolor*	乡土	9	24
8	黄刺玫	*Rosa xanthina*	乡土	5	117
9	接骨木	*Sambucus williamsii*	引进	15	147
10	欧丁香	*Syringa vulgaris*	引进	15	147
11	花木蓝	*Indigofera kirilowii*	引进	3	118
12	锦带花	*Weigela florida*	引进	4	5
13	金露梅	*Potentilla fruticosa*	乡土	4	187
14	小叶娲	*Ligustrum quihoui*	引进	7	114
15	十姊妹	*Rosa multiflora* cv. *platyphylla*	引进	4	33
16	宁夏枸杞	*Lycium barbarum*	引进	13	7
17	锦鸡儿	*Caragama korskinskii*	乡土	7	76
18	太平花	*Philadelphus pekinensis*	引进	13	36
19	沙棘	*Hippophae rhamnoides*	引进	13	114
20	叶底珠	*Securinega suffruticosa*	乡土	22	17
21	柽柳	*Tamarix chinensis*	乡土	12	247
22	乌柳	*Salix cheilophila*	乡土	20	121
23	荆条	*Vitrx negundo*	引进	25	5
24	杠柳	*Periploca sepium*	引进	4	7
25	美丽茶藨	*Ribes pulchellum*	乡土	17	6
26	南蛇藤	*Celastrus orbiculatus*	引进	21	2
27	雪柳	*Fontanesia fortunei*	引进	20	2
28	沙地柏	*Sabina vulgaris*	引进	7	27

（灌木部分）
landscape tree species in Baotou

平均株高（m）	平均基围（cm）	平均冠幅 WEmXNSm	生长势			习性	备注
			强	中	弱		
2.1	丛	3.5				喜光、耐旱、抗污染	
2	丛	2.7	－			〃	
2.25	〃	3.5	－			〃	
1.76	〃	2.4	－			喜光、耐旱、早花	
2.7	〃	3.15				〃	
2.5	〃	3.7	－			耐荫、耐旱、抗污染	
1.8	〃	1.0				〃	
2.7	〃	2.5	－			喜光、耐旱、抗大气污染	
4.2	〃	3.3	－			喜光、耐旱、抗污染	
3.7	〃	4.6				〃	
1.6	〃	1.5	－			〃	
4.5	〃	1.5		－		〃	
1.2	〃	－			－	〃	
1.5	〃	/	－			耐旱、抗污染	
7.5	〃	/				不耐寒、枝梢受冻	
15	〃	/	－				
2.5	〃	2－				耐旱、抗污染	
2.7	〃	4	－			不耐旱、抗污染	
3.8	〃	4－			－	〃	
2	丛	4	－			〃	
4.3	〃	4	－			〃	
3.25	〃	7.1	－			耐湿、耐碱、抗污染	
2	〃	4				〃	
1.5	〃	/				耐湿、耐碱、抗污染	
2	〃	2	－			耐旱、抗污染	
13	〃	2			－	不耐寒、旱，枝梢冻枯	
30	〃	2.5		－		〃	
1.53	〃	2.5	－			耐旱、抗污染	

（4）花灌木除锦带花、雪柳、南蛇藤外，其他 26 个树种均生长良好，抗旱、抗污染能力也很强。

2　立地条件对树木生长的影响

　　光、热、水、肥、气、土是影响树木生长发育的主要生态因子，通过对不同条件下树木生长状况的调查研究，找出限制树木生长发育的因子，对科学选择树种，适地适树，有重要意义。对包头市园林绿化用地立地条件的调查结果表明，水、土、污染是限制城市植物成活、生长的关键，为此，对不同水、土、污染条件下树木的生长状况进行研究。

2.1　研究方法

　　（1）树木生长调查：在不同立地条件下选择同种同龄树木测量树高、胸径。
　　（2）树木根系调查：在不同立地条件地段，选择有代表性树木，在距树 1m 处挖土壤剖面，记录根系分布状况。

2.2　结果与分析

2.2.1　土壤水分对树木生长的影响

　　包头市降雨量仅 300mm 左右，地下水位较低，在没有人为灌溉或局部收集径流的条件下，市区内土壤水分变化不大，土壤悬着水是植物唯一能够利用的水分，对民主路，钢铁大街棉纺厂段红丰大队段，电视台段，自由路一机三小，乌兰道路包建浴地，三八路三中，青年路蒙中段、红旗大队段等十六个不同水分条件的绿化用地上生长的加拿大杨、北京杨、小叶杨、复叶槭、油松进行对比调查，结果表明水分条件的差别对树木的生长产生极显著的影响（表 5-3）。地下水位较高地段生长的加拿大杨树高比对照提高 88.1%，胸径提高 53.7%，距菜田 1m 处的红丰大队地段的加拿大杨树高提高 67.6%，胸径提高 47.3%，而局部集中条件下的钢铁大街棉纺段、自由路一机三中的加拿大杨，树高分别提高 71.8% 和 70.8%，胸径提高 44.3% 和 79.6%；同样北京杨在菜田边和有局部集水条件下的地段，树高提高 33.7% 和 70.3%，胸径提高 83.2% 和 128.9%；复叶槭、油松在局部集水条件下树高提高 41.3% 和 22.3%，胸径提高 28.6% 和 55.8%；小叶杨在地下水位高的建设路 13km 处树高提高 75.1%，胸径提高 43.0%，在有局部集水条件的一机三小树提高 18.9%，胸径提高 66.3%。由此可见，上述五个树种的生长都不同程度地受到了水分条件的限制，水分条件稍有改善则树木的树高、胸径都会有较大的提高，这也提示我们在发展城市园林绿化的时候，要充分利用城市地表径流水。

2.2.2 土壤水分对树木根系分布的影响

对不同土壤水分条件 2m 土壤剖面根系分布的情况调查统计发现，一般杨属树种其根系分布受土壤水分支配十分明显，在无灌溉集水或地下水源的情况下，无论加拿大杨、北京杨和小叶杨，其根系多分布在土壤的上层，100cm 以下根系很少（图 5-1），在地下水位较高的地段则根系由 20~200cm 以下分布均匀（图 5-2），从根系的数量看，水分条件越好，其根系总量越多（表 5-4）。

油松、白蜡、复叶槭、榆树等则与杨树不同，即使在水分条件不太好的地段上 100cm 以下仍有大量的根系分布，即它们的根系分布比场树深，能更充分利用土壤中的水份。表现出一定的抗旱性（图 5-3、图 5-4）

表 5-3 不同土壤水分条件下树木生长状况
Table 5-3 Growth status of trees growing in soils with different water regimes

树种	地点	水分条件	含水率(%)	树龄(年)	树高(m)	胸径(cm)	生长状况	取土时间
加拿大杨	民主路	地下水 2.6m	14.47	26	18.28	35.6	健壮	8.25
	乌兰道包建浴池	紧靠地下管道	9.47	26	20.80	45.70	健壮	8.25
	钢铁街红丰大队	距菜田 1m 处	8.68	26	16.28	34.60	健壮	8.25
	自由路一机三小	局部集水	8.60	26	16.60	47.60	健壮	9.11
	钢铁大街棉纺厂	局部集水	6.87	26	16.70	33.42	健壮	9.11
	三八路三中	平地对照	4.20	26	9.72	23.16	枯梢	9.11
	青年路蒙中	平地对照	4.50	12	8.60	13.90	枯梢	9.11
北京杨	青年路红旗大队	距菜田 1m 处	6.50	12	11.50	25.46	健壮	8.21
	青年路红旗大队	灌溉渠道	8.70	12	14.65	31.83	健壮	8.21
复叶槭	迎宾路南	局部集水	6.50	25	10.60	27.01	健壮	9.14
	迎宾路北	平地对照	2.5	25	7.5	21.00	衰弱	9.14
油松	富强路南	局部集水	6.98	16	4.06	14.30	健壮	9.9
	富强路北	平地对照	1.65	16	3.32	9.18	衰弱	9.9
小叶杨	建设路 13km	地下水 2.6m	6.89	30	18.56	34.32	健壮	8.25
	自由路一机三小	局部集水	8.60	30	12.60	39.90	健壮	8.25
	钢铁大街电视台	平地对照	5.5	30	10.60	24.00	衰弱	8.25

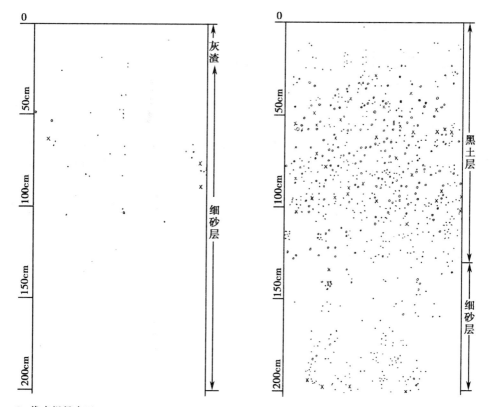

● 代表根径小于 1mm   the root diameter<1mm
○ 代表根径大于 1mm，小于 1cm   1mm<the root diameter<1cm
× 代表根径大于 1cm   the root diameter>1cm

图 5-1　三八路南段加拿大杨 2m 土壤剖面根系分布

Fig. 5-1　Root distribution of *Populus canadensis* within 2m in soil of south part of sanba Road

图 5-2　民主路加拿大杨 2m 土壤剖面根系分布

Fig. 5-2　Root distribution of *Populus canadensis* within 2m in soil of Minzhu Road

表 5-4　不同水分条件下加拿大杨根系数量

Table 5-4　The amount of roots of Dopulus canadensis growing in different water condition

地点	含水量（%）	树龄（年）	<1mm 根数	1mm~1cm 根数	>1cm 根数
民主路	14.47	26	420	268	76
钢铁大街棉纺厂	6.87	26	200	45	8
自由路一机三小	8.60	26	115	21	10

续表

地点	含水量（%）	树龄(年)	<1mm 根数	1mm~1cm 根数	>1cm 根数
乌兰路包建浴地	9.47	26	208	52	14
钢铁大街红丰大队	8.68	26	83	23	8
稀大公司	4.20	26	35	8	4

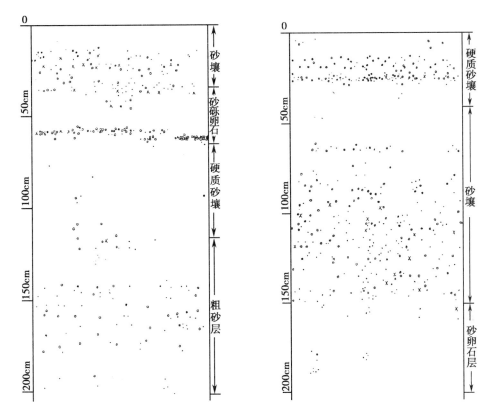

● 代表根径小于 1mm　the root diameter<1mm

○ 代表根径大于 1mm，小于 1cm　1mm<the root diameter<1cm

× 代表根径大于 1cm　the root diameter>1cm

图 5-3　富强路北段油松 2m 土壤剖面根系分布

Fig. 5-3　Root distribution of *Pinus tabulaeformis* within 2m in soil of north part of Fuqiang Road

图 5-4　富强路南段油松 2m 土壤剖面根系分布

Fig. 5-4　Root distribution of *Pinus tabulaeformis* within 2m in soil of south part of Fuqiang Road

2.2.3 土壤厚度对树木生长的影响

在三苗圃、文化路、一宫、观礼台及劳动大街南、北等六个土壤厚度不同的地段，对其生长的油松、北京杨进行调查发现，土壤厚度对树木的生长有明显的影响，土壤越厚则树木生长越好，胸径、树高随土壤厚度的增加而增大。从土壤剖面的垂直结构看，包头市区的土壤层下全部是粗砂或卵石，它们不但养分含量极少而且持水能力很低，在地下水位很低的条件下，不能提供树木生长所需的水分，因此，土壤的薄厚直接影响树木所需养分和水分的多寡，进而影响树木的生长发育，从根系调查的结果看（图 5-5、图 5-6），一宫油松片林土层仅 55cm，以

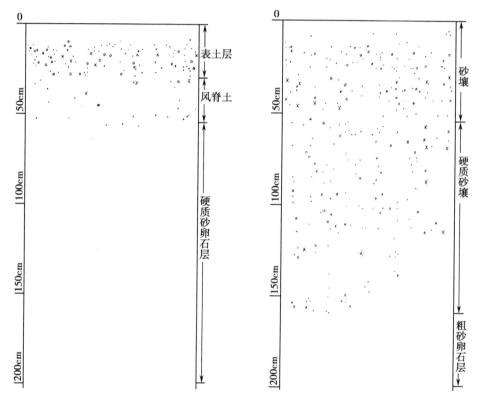

● 代表根径小于 1mm   the root diameter<1mm
○ 代表根径大于 1mm，小于 1cm   1mm<the root diameter<1cm
× 代表根径大于 1cm   the root diameter>1cm

图 5-5   一宫油松 2m 土壤剖面根系分布
Fig. 5-5   Root distribution of *Pinus tabulaeformis* within 2m in soil of wet land of Yigong

图 5-6   观礼台油松 2m 土壤剖面根系分布
Fig. 5-6   Root distribution of *Pinus tabulaeformis* within 2m in soil of Guanlitai

下全部是卵石和粗沙，虽然这里的地下水位为 4m，但根系全部分布在 55cm 的土壤层内，林木生长很差；观礼台的同龄油松林土层厚达 140cm，其根系均匀分布于 0~140cm 土层内，虽然地下水位达 14m，但树木生长正常（表 5-5）。

表 5-5　不同土壤厚度对树木生长的影响
Table 5-5　Effect of soil thickness on tree growth

树种	地点	土层厚度（cm）	树龄（年）	树高（m）	胸径（cm）	备注
油松	三苗圃路边	0~100	23	5.75	12.50	1m 以下是粗沙卵石
	文化路	0~80	23	4.45	9.47	8cm 以下是粗沙卵石
	一宫	0~55	23	3.02	6.07	55cm 以下是粗沙卵石
	观礼台	0~140	23	4.70	11.73	1.4m 以下是粗沙卵石
北京杨	劳动大街南	0~100	18	7.04	12.0	1m 以下是粗沙卵石
	劳动大街北	0~200	18	8.14	14.0	2m 以下是粗沙卵石

2.2.4　土壤中钙质沉积层对树木生长的影响

土壤中的钙质沉积层通常叫做白浆土层，其容重通常在 1.79g/cm³ 以上，有白色菌丝体及坚硬的沉积钙核，土壤紧密，透气性、透水性差，对树种的根系生长十分不利，另一方面，由于白浆层结构紧密，对土壤保持大气降水十分有利，能有效提高白浆层以上土壤层的含水量，控制水分渗失，因此白浆层分布的深浅不同，其作用迥然而异。包头市区土壤中白浆层的分布很广，深浅不同，厚度迥异，东河区西脑包一带白浆层厚度达 400cm，沿建设路向西越来越薄，到达青山区、昆都仑区，其厚度最高不超过 60cm，埋藏深度不超过 180cm（表 5-6）。对加拿大杨、小叶杨、北京杨、榆树、刺槐、复叶槭、白蜡、油松在不同含白浆层土壤中的根系分布状况进行调查发现（表 5-7），油松根系不具备穿透白浆层的能力，杨树类树种对白浆层的适应性弱，穿进和穿透白浆层的根数不足 10%，白蜡、榆树、复叶槭的表现较好（图 5-7、图 5-8、图 5-9），因此在有白浆层的地段植树时，要充分考虑树种对白浆层的适应能力。

表 5-6　土壤钙质沉积层对树木生长的影响
Table 5-6　Effect of soil calcic horizon on tree growth

树种	地点	白浆层分布		树龄（年）	树高（m）	胸径（cm）	根系分布（cm）
		深度（cm）	厚度（cm）				
加拿大杨	乌兰道交际处安武路	100	40	27	9.8	23.2	0~110
		130	30		13.4	26.5	0~130
小叶杨	阿尔丁大街	140	60	30	8.4	23.2	0~120
	反修大街冶研所	180	60	30	9.7	27.8	0~180

表 5-7　不同树种对白浆层的适应能力

Table 5-7　Adaptability of different tree species to soil calcic horizon

树种	白浆层深度（cm）	白浆层厚度（cm）	穿进和穿透白浆层根系比例（%）
复叶槭	115	46	39.02
白　蜡	105	90	46.1
榆　树	35	100	23.2
刺　槐	80	60	10.20
加拿大杨	95	46	8.10
北京杨	120	80	3.8
小叶杨	100	55	3.3
油　松	95	56	0

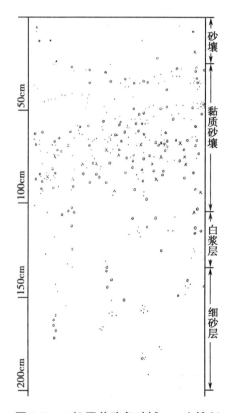

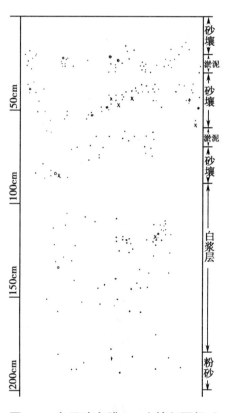

图 5-7　二机厂前路复叶槭 2m 土壤剖面根系

Fig. 5-7　Root distribution of *Acer negundo* within 2m in soil of Changqian Road of The Second Factory of Machine

图 5-8　白云路白腊 2m 土壤剖面根系分布

Fig. 5-8　Root distribution of *Fraxinus pennyslvanica* within 2m in soil of Baiyun Road

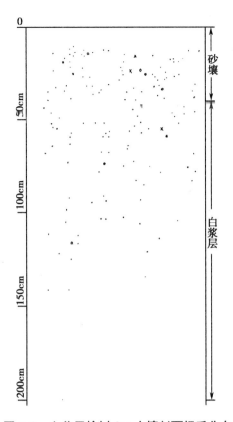

图 5-9 六公里榆树 2m 土壤剖面根系分布

Fig. 5-9 Root distribution of Ulmus pumila within 2m in soil of Liugongli

2.2.5 土壤容重与土壤侵入体对树木生长的影响

城市是人类活动最频繁的地区，绿化用地特别是行道树绿地常因人的践踏使表层容重增大，由表 5-8 数据中可以看出，行道树土壤的容重自上而下逐渐变小，表层土壤板结，通气性差，土壤水分养分条件恶化。通过对新疆杨和油松的调查发现（表 5-9），土壤容重增大，影响树木生长。

表 5-8 行道树下土壤容重变化表

Table 5-8 Variance in bulk density of soil beneath avenue trees

单位：g/cm^3

深度	表层	20cm	40cm	60cm	80cm	100cm
范　围	1.41~1.82	1.37~1.79	1.27~1.69	1.25~1.67	1.17~1.59	1.09~1.62
平均值	1.57	1.54	1.53	1.50	1.47	1.45

表 5-9　土壤容重对树木生长的影响
Table 5-9　Effect of bulk density of soil on tree growth

树种	地点	容重（20cm 处，g/cm^3）	树龄（年）	树高（m）	胸径（cm）
新疆杨	钢铁大街中桥	1.39	15	11.2	14.3
	医学院	1.47	15	7.6	9.17
油　松	富强路南	1.30	23	4.06	14.30
	富强路北	1.59	23	3.32	9.18
小叶杨	钢铁大街电视台	1.32	30	10.62	24.8
	建设路二道沙河	1.61	30	8.76	24.3

　　土壤侵入体是指人为向土壤中填非土壤组成物质，侵入体对树木生长的影响取决于侵入体的性质和数量的多少。充填疏松多孔无毒害的物质可以改善土壤结构，降低土壤容重，改善土壤水、气、肥条件，促进树木生长，表 5-9 中钢铁大街中桥段因土壤中 0~60cm 处填充了炉渣，新疆杨比没有侵入体的钢铁大街医学院段生长得好。相反，建设路二道沙河段因土壤中填充修路用的石块、沥青等，小叶杨生长不如电视台段好。

2.3 小　结

　　（1）在无人工灌溉和地形局部集水的条件下，自然降水不能满足树木生长的需要，许多树种生长不良。局部集水能明显改善水分胁迫，应充分利用城市硬化地面集水，改善绿化用地水分条件。

　　（2）土壤厚度影响土壤水分和养分总量的变化和树木根系分布的范围，对树木生长有明显影响，土壤越厚，树木生长越好。

　　（3）土壤中钙质沉积层的存在一方面对树木的根系生长不利，另一方面对土壤保持水分有利，钙积层在 1~2m 范围内分布越深对树木生长越有利。

　　（4）树木对钙质沉积层的适应性以白蜡、榆树、复叶槭较强，杨树较弱，油松最弱。

　　（5）土壤容重增加抑制树木生长，填充炉渣、粉煤灰等疏松无毒物质降低土壤容重，改善物理性质会促进树木生长，而填石块、沥青等降低树木生长量。

第6章 主要树种耐旱性研究

包头市位于温带干草原区，属于干旱半干旱地区，水分条件不足是严重影响树木造林成活和树木生长的主要因子，要解决这一问题，必须以适地适树为前提，一方面要研究绿化用地的土壤水分变化规律，提出蓄水保水，改善林地水分状况的技术措施，另一方面还要研究树木的生物学、生态学和生理学特性，尤其是树木的耐旱特性，做到在不同的立地条件下选择不同耐旱树种，把改地适树和选树适地结合起来，才能达到造林成功的目的。

1 实验材料与方法

实验材料选自包头市主要树种，共24个，即油松、侧柏、圆柏、杜松、云杉、樟子松、新疆杨、河北杨、榆树、白蜡、复叶槭、槐树、垂柳、玫瑰、南蛇藤、黄刺玫、珍珠梅、垂枝榆、五叶地锦、龙爪槐、丁香、花蒡、丝棉木、皂荚、加拿大杨。这些树种的苗木均从市内三个园林苗圃内购买，针叶树苗龄为5年，阔叶树苗龄为3年，于1995年春定植于园科所实验田内，株行距为2m×2m，1997年春5月初进行苗木叶水分参数测定，枝叶均采集于向阳中部发育良好的枝条，每次采集时间为上午8：00~9：00，枝叶采集后，立即测定叶水势，剩余枝条将截口一段插入盛清水的塑料桶中带回室内，充分吸水24h后，应用压力室为每一树种制作P-V曲线。

P-V曲线的制作参照李吉跃报道的方法进行，将充分吸水的枝叶称重后密封于塑料袋中，装入压力室，在其切口处装置一个长约10cm、直径为0.8cm、内有干燥滤纸的聚乙烯小管，然后以0.02~0.04MPa/min左右的速度缓慢加压，按0.25MPa的梯度设置平衡压，在每个平衡压保持10min，集取被压出水液，在分析天平上称重，并换上另一个聚乙烯小管，渐次升到另一种平衡点，共设平衡点14~18个，取出枝叶称鲜重；在105℃下烘干，称取干重；然后计算出全过程中样品的相对水分亏缺，以依次测得的各次平衡压值倒数为纵坐标，相应的水分亏缺为横坐标，绘制 P-V 曲线（图 6-1）。

2 结果分析

由供试树种耐旱能力最弱时期的 P-V 曲线上可求得膨压为零时的渗透势，饱和含水量时的最大渗透势，膨压为零时的相对含水量，膨压为零时的相对渗透水含量，渗透调节能力值 b，最大体积弹性模量 ε_{max} 等六个主要水分参数，结果见表 6-1。

2.1 树木保持膨压的能力

随着干旱的发生，树木在水势下降时，能够保持一定的膨压，对维持树木的生长和生存以及正常的生理功能都是至关重要的，许多研究表明，树木膨压与树木的生长、气孔关闭、ABA 积累等生理过程密切相关，并把它当作引起这些生理变化的原始动力，可见用膨压表示树木的水分状况是有其明确生理学意义的。

膨压为零时的渗透势的大小反映了树种保持膨压能力的大小[149]。表 6-1 中数据表明，针叶树种都有较强的保持膨压的能力，以樟子松保护膨压的能力最强，膨压为零时的渗透势达 -3.413MPa，其次为杜松、油松、侧柏和圆柏，膨压为零时的渗透势依次为 -3.370MPa、-3.359MPa、-3.351MPa、-3.237MPa，云杉保持膨压的能力最小（-2.820MPa）；而 18 个阔叶树种保持膨压的能力差别却很大，表现出耐旱性的差别，以皂荚、丁香、丝棉木、五叶地锦、黄刺玫、垂枝榆、加拿大杨保持膨压的能力最强，它们膨压为零时的渗透势都在 -3.0MPa 以下，分别为 -3.569MPa、-3.542MPa、-3.392MPa、-3.359MPa、-3.345MPa、-3.334MPa、-3.149MPa；白蜡（-2.733MPa）、榆树（-2.716MPa）、槐树（-2.486MPa）、垂柳（-2.356MPa）、珍珠梅（-2.120MPa）保持膨压的能力居中，它们膨压为零时的渗透势都在 -2.0~-3.0MPa 之间；南蛇藤（-1.722MPa）、新疆杨（-1.618MPa）、玫瑰（-1.509MPa）、花蓼（-1.496MPa）、复叶槭（-1.393MPa）、龙爪槐（-1.295MPa）保持膨压的能力较差，它们膨压为零时的渗透势都在 -2.0~-1.0MPa 之间。

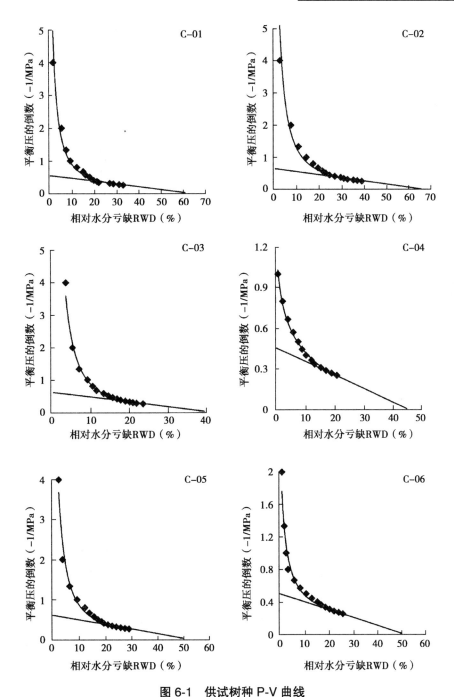

图 6-1 供试树种 P-V 曲线

Fig. 6-1 P-V curves of investigated tree species

C-01：云杉；C-02：圆柏；C-03：樟子松；C-04：油松；C-05：杜松；C-06：侧柏

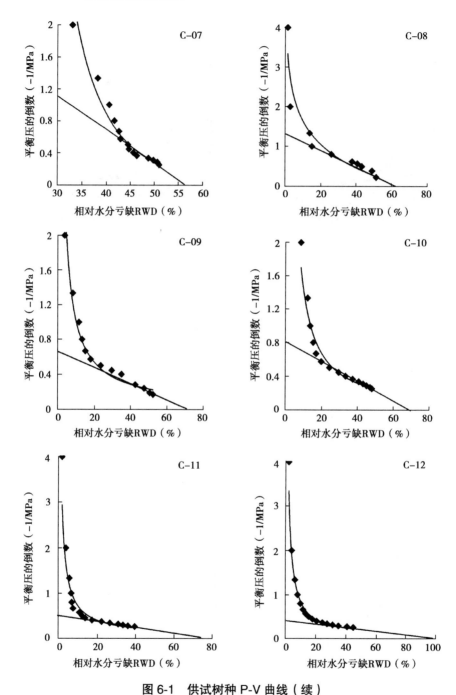

图 6-1   供试树种 P-V 曲线（续）

Fig. 6-1   P-V curves of investigated tree species（continue）

C-07：新疆杨；C-08：玫瑰；C-09：复叶槭；C-10：南蛇藤；C-11：白蜡；C-12：黄刺玫

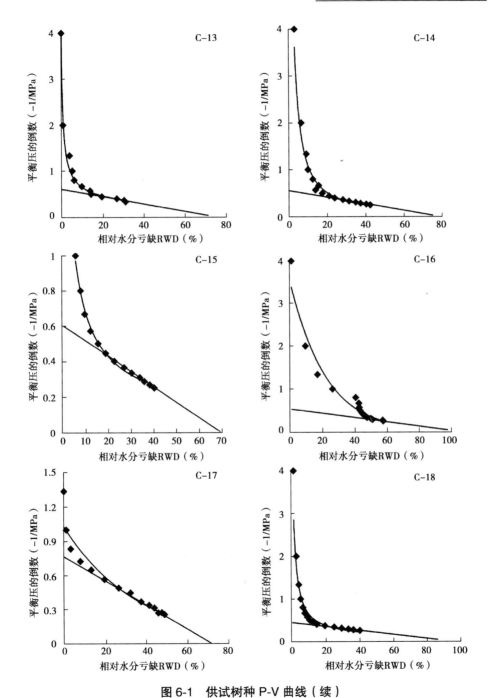

图 6-1　供试树种 P-V 曲线（续）

Fig. 6-1　P-V curves of investigated tree species（continue）

C-13：珍珠梅；C-14：垂枝榆；C-15：垂柳；C-16：五叶地锦；C-17：龙爪槐；C-18：丁香

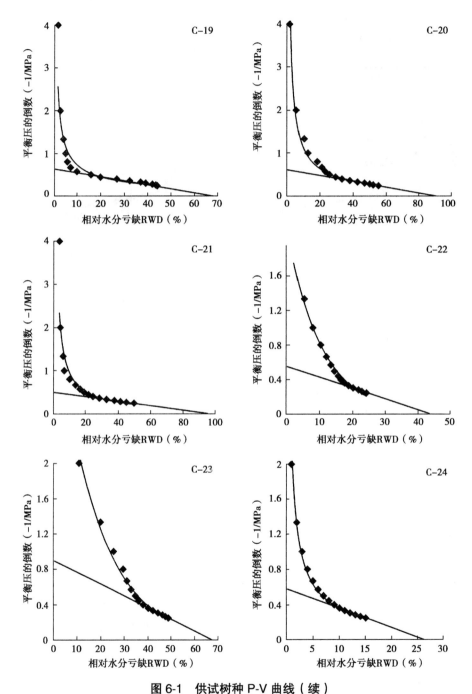

图 6-1　供试树种 P-V 曲线（续）

Fig.6-1　P-V curves of investigated tree species（continue）

C-19：花蓼；C-20：槐树；C-21：卫矛；C-22：皂荚；C-23：榆树；C-24：加拿大杨

表 6-1 供试树种耐旱能力最弱时期水分参数
Table 6-1 Water parameters of investigated tree species in the weakest period of ability of drought tolerance

树　　种	膨压为零时渗透势 ψ_{tlp}（MPa）	充分膨胀时渗透势 ψ_{sat}（MPa）	膨压为零时相对含水量 RWC_{tlp}（%）	膨压为零时相对渗透水含量 $ROWC_{tlp}$（%）	渗透调节能力 b	细胞最大弹性模量 ε_{max}
云　杉	−2.820	−1.823	78.71	65.05	0.6183	26.143
圆　柏	−3.237	−1.642	67.57	47.75	0.5258	10.750
樟子松	−3.413	−1.065	79.39	45.56	0.5106	18.424
油　松	−3.359	−2.138	83.93	63.51	0.5651	14.157
杜　松	−3.370	−1.686	75.08	49.96	0.5256	20.964
侧　柏	−3.351	−1.921	78.96	57.26	0.5276	42.520
新疆杨	−1.618	−0.399	57.18	20.88	0.2517	102.377
玫　瑰	−1.509	−1.226	84.34	83.08	0.8301	16.771
复叶槭	−1.393	−1.116	85.66	72.08	0.7087	42.003
南蛇藤	−1.722	−1.238	80.38	69.78	0.7612	12.517
白　蜡	−2.733	−1.946	78.08	70.87	0.8224	59.008
黄刺玫	−3.345	−2.310	67.34	68.79	0.7348	15.323
珍珠梅	−2.120	−1.621	83.17	94.72	0.7587	47.037
垂枝榆	−3.334	−1.766	64.38	52.88	0.6140	15.150
垂　柳	−2.356	−1.643	79.35	69.84	0.7550	10.820
五叶地锦	−3.359	−1.710	49.65	47.22	0.4607	93.175
龙爪槐	−1.295	−1.030	85.97	83.21	0.8138	21.372
丁　香	−3.542	−2.149	66.23	61.18	0.6929	25.094
花　蓼	−1.496	−1.333	92.73	87.23	0.9001	30.831
槐　树	−2.486	−1.504	66.88	61.94	0.6481	9.234
丝棉木	−3.392	−2.067	60.21	50.55	0.6032	6.309
皂　荚	−3.569	−1.671	77.96	46.88	0.4897	21.954
榆　树	−2.716	−1.113	60.13	40.34	0.4081	12.486
加拿大杨	−3.149	−1.619	74.53	51.23	0.5053	10.024

树木叶充分膨胀时的渗透势反映了树木保持最大膨压的能力，充分膨胀时的渗透势越小，树木维持最大膨压的能力也就越强，表 6-1 中数据表明，不同树种其保持最大膨压的能力也不尽相同，在这方面与保持膨压能力不同，针叶树与阔叶树种之间没有明显的区别，即针阔叶树种中都有能力很强的树种，也有很弱的树种，其中，保持最大膨压能力最强的树种有黄刺玫、丁香、油松、丝棉木，它们充分膨胀时的渗透势分别为 –2.31MPa、–2.149MPa、–2.138MPa、–2.067MPa，都在 –2.0MPa 以下，白蜡（–1.946MPa）、侧柏（–1.921MPa）、云杉（–1.823MPa）、垂枝榆（–1.766MPa）、五叶地锦（–1.710MPa）、杜松（–1.686MPa）、皂荚（–1.671MPa）、垂柳（–1.643MPa）、圆柏（–1.642MPa）、珍珠梅（–1.621MPa）、加拿大杨（–1.619MPa）、槐树（–1.584MPa）保持最大膨压的能力居中，它们充分膨胀时的渗透势在 –2.0~1.5MPa 之间，花蔓（–1.333MPa）、南蛇藤（–1.238MPa）、玫瑰（–1.226MPa）、复叶槭（–1.116MPa）、榆树（–1.113MPa）、龙爪槐（–1.030MPa）、新疆杨（–0.399MPa）保持最大膨压的能力较差，它们充分膨压时的渗透势都在（–1.5MPa）以上。

2.2 树木的渗透调节能力

树木在水分胁迫条件下，通过积累溶质，降低渗透势，维持膨压的作用称之为渗透调节作用，降低渗透势可以增强树木从土壤中吸水的能力，被认为与通过根系生长促进水分吸收具有同等的重要性。细胞失水后渗透势下降的原因：一是因为细胞体积缩小，细胞内溶质浓度相应增加，这种由于细胞体积缩小引起的溶质浓度增高称之为被动效益；二是由于细胞失水后，引起代谢变化，使溶质的绝对量增加，这种由于溶质增加引起的溶质浓度增高称之为主动效应。有研究发现，耐旱性强的杨树杂种在干旱处理后叶片可溶性糖浓度增加，可为对照的 4 倍（Tschaplinski，1989），并分别使饱和渗透势和膨压为零时的渗透势下降 0.55MPa 和 1.0MPa。

膨压与叶水势之间的回归数 b 反映了树木渗透调节能力的大小，b 值越小，表明随水势的下降，膨压的下降速度越小，因而树种保持膨压的能力也越强。从表 6-1 中数据可知，供试树种的 b 值都小于 1.0，说明供试树种都有一定的渗透调节能力，但不同树种间的差别是十分显著的，尤其在 18 种阔叶树间，其中以新疆杨、榆树、五叶地锦和皂荚的渗透调节能力最强，它们的 b 值分别为 0.2517、0.4081、0.4607 和 0.4897，都小于 0.5；加拿大杨（0.5053）、樟子松（0.5106）、杜松（0.5256）、圆柏（0.5258）、侧柏（0.5276）、油松（0.5651）、丝棉木（0.6032）、垂枝榆（0.6140）、云杉（0.6183）、槐树（0.6481）、丁香（0.6929）、复叶槭（0.7087）和黄刺玫（0.7348）的渗透调节能力居中，它们的 b 值在 0.5~0.75 之间；垂柳（0.7550）、珍珠梅（0.7587）、南蛇藤（0.7612）、龙爪槐（0.8138）、白蜡（0.8224）、玫瑰（0.8301）和花蓼（0.9001）的渗透调节能力较差，它们的 b 值都在 0.75 以上，由此可以看出针叶树种的渗透调节能力都相对较强。

膨压为零时的相对含水量和膨压为零时的渗透水含量是组织细胞初始质壁分离时的相对含水量和相对渗透水含量，它们的值越低，表明细胞在很低的含水量下才会发生质壁分离，所以这两个指标在一定程度上反映了组织细胞对脱水的忍耐能力的大小。表 6-1 中数据表明，五叶地锦（49.65，47.22）、新疆杨（57.18，20.88）、榆树（60.13，40.43）、丝棉木（60.21，50.55）、垂枝榆（64.38，52.88）、皂荚（77.96，46.88）、加拿大杨（74.53，51.23）、圆柏（67.57，47.75）、樟子松（79.39，45.56）和杜松（75.08，49.96）的耐脱水能力较强，龙爪槐（85.97，83.21）、玫瑰（84.34，83.08）、花蓼（92.73，87.23）、复叶槭（85.66，72.08）和珍珠梅（83.17，94.72）的耐脱水能力较弱，其余 9 个树种的耐脱水能力居中。

2.3 树木细胞的弹性模量

当组织含水量和水势下降时，高弹性的组织保持膨压的能力要比低弹性的组织为大，细胞的弹性模量 $\varepsilon = V \dfrac{d_P}{d_V}$（$V$ 为细胞共质体水的体积，P 为压力势），弹性模量越小，表示细胞有比较大的弹性，保持膨压的能力越强，表 6-1 中数据表明不同树种间细胞弹性模量存在着明显差异，丝棉木（6.309）、槐树（9.234）、加拿大杨（10.024）、圆柏（10.750）、垂柳（10.820）、龙爪槐（21.372）、榆树（12.486）、南蛇藤（12.517）和油松（14.157）的细胞弹性模量较小，垂枝榆（15.150）、黄刺玫（15.323）、玫瑰（16.771）、圆柏（18.424）、杜松（20.964）、皂荚（21.954）、丁香（25.094）和云杉（26.143）居中；花蓼（30.831）、复叶槭（42.003）、侧柏（42.520）、珍珠梅（47.037）、白蜡（59.008）、五叶地锦（93.175）和新疆杨（102，377）的细胞弹性模量较大。

2.4 耐旱能力的综合评价

以上分析了供试树种的六个主要水分参数指标，由于各树种对干旱的适应方式不同，耐旱机理不同，因而六个指标反映出的耐旱能力有很大差别，根据张建国博士的综合评判方法，我们对供试树种的耐旱性进行综合评价。

上述六种指标的共同特点是水分参数值越小，则越有利于树木保持膨压增强其耐旱性，但是由于六个指标的量纲不同，很难给出一个综合数值来反映树木耐旱性的大小，因此应用 Fuzzy 数学中隶属函数的方法来解决这一问题，由于六个评价指标与耐旱性呈负相关，所以用反隶属函数来计算每一个指标的耐旱隶属函数值，具体计算公式为：

$$\mu\,(\,x\,) = 1 - \frac{X - X_{\min}}{X_{\max} - X_{\min}}$$

然后将每一树种的六个指标的耐旱隶属函数值累加，并求其平均值，平均值越大，耐旱性也就越强，结果见表6-2。

表6-2　供试树种耐旱指标隶属函数值及综合评判结果

Table 6-2　The subordinate function values of drought tolerant indicators and synthetic assessment of investigated tree species

树　种	$\mu\,(x_1)$	$\mu\,(x_2)$	$\mu\,(x_3)$	$\mu\,(x_4)$	$\mu\,(x_5)$	$\mu\,(x_6)$	Δ
圆　柏	0.8540	0.6504	0.8162	0.6079	0.5773	0.9537	0.7433
丝棉木	0.9222	0.8778	0.7549	0.3885	0.4579	1.00	0.7327
榆　树	0.6249	0.3736	0.7567	0.7350	0.7588	0.9357	0.6975
垂枝榆	0.8967	0.7153	0.6581	0.5200	0.4412	0.9080	0.6899
皂　荚	1.00	0.6656	0.3429	0.6228	0.6329	0.8371	0.6835
丁　香	0.9881	0.9158	0.6151	0.3777	0.3196	0.8045	0.6701
加拿大杨	0.8153	0.6384	0.4266	0.5483	0.6089	0.9613	0.6665
樟子松	0.9314	0.6311	0.3096	0.6455	0.6007	0.8739	0.6654
杜　松	0.9124	0.6735	0.4097	0.5700	0.5776	0.8475	0.6651
五叶地锦	0.9077	0.6860	1.00	0.6170	0.677	0.0958	0.6640
黄刺玫	0.9015	1.00	0.5894	0.2472	0.2549	0.9062	0.6499
油　松	0.9046	0.9100	0.2043	0.3377	0.5167	0.9183	0.6320
侧　柏	0.9041	0.7964	0.3196	0.4449	0.5745	0.6231	0.6104
槐　树	0.527	0.6201	0.6000	0.3646	0.3887	0.9696	0.5778
云　杉	0.6706	0.7499	0.3254	0.3112	0.4346	0.7935	0.5476
新疆杨	0.1420	0.00	0.8252	1.000	1.00	0.00	0.4945
垂　柳	0.4666	0.6510	0.3106	0.2292	0.2238	0.9530	0.4724
白　蜡	0.6324	0.8059	0.3401	0.2116	0.1198	0.4514	0.4276
南蛇藤	0.1878	0.4390	0.2867	0.2302	0.2142	0.9354	0.3822
珍珠梅	0.3628	0.6395	0.2219	0.1456	0.2181	0.5761	0.3607
玫　瑰	0.0941	0.4328	0.1948	0.0022	0.1080	0.8911	0.2872
复叶槭	0.0431	0.3752	0.1641	0.1908	0.2952	0.6285	0.2828
龙爪槐	0.00	0.3302	0.1569	0.00	0.1331	0.9473	0.2613
花　蓼	0.0884	0.4887	0.00	0.0689	0.00	0.7447	0.2317

表6-2表明圆柏、丝棉木、榆树、垂枝榆、皂荚、丁香、加拿大杨、樟子松、杜松、五叶地锦、黄刺玫、油松、侧柏的耐旱性较强，耐旱综合指数在0.6以上；槐树、云杉、新疆杨、垂柳、白蜡、南蛇藤、珍珠梅的耐旱性居中，耐旱综合指数在0.3~0.6之间；玫瑰、复叶槭、龙爪槐、花蓼的耐旱性较差，耐旱综合指标在0.3以下。

3 小　结

（1）圆柏、丝棉木等13个树种耐旱性较强，可以在市内大量推广应用。

（2）槐树、云杉等7个树种的耐旱性居中，要求水分条件较好，可以在个别年份能人工浇灌的绿化用地上种植。

（3）玫瑰、复叶槭等4种树种耐旱性较差，只能种植在能人工养护的重点绿化地段。

第7章 大气污染对树木光合作用影响研究

包头市是中国西北部地区的重工业城市，随着经济的迅速发展，废气废水废渣的排放量增加，污染了城市的生态环境，尤其在包头钢铁稀土公司、一电厂、二电厂、铝厂等重要污染源附近，以大气二氧化硫和氟化物为主的污染物已严重影响了树木的生长发育，研究大气污染对树木光合作用的影响，选择抗性强的树种是建立城市环境卫生林不可缺少的重要工作。

1 研究材料与方法

研究材料有：油松、杜松、圆柏、侧柏、榆树、复叶槭、青杨、加拿大杨、丁香、山梅花、山杏等 11 种常用园林绿化植物。

研究方法：在包头医学院、包钢耐火材料厂、二电厂、一电厂、一机厂、包头铝厂的环境监测点周围，选择长势中等的上述树种，于 8 月中旬，在天气晴好，日照充足，气温在 25℃左右，上午 9:00~10:00 时，用美国 Li6200 光合测定系统，测净光合速率、呼吸速率、总气孔传导度、叶肉胞内 CO_2 浓度、气孔阻力、气孔传导、蒸腾速度和水分利用效率等八项指标。

2 结果与分析

2.1 大气氟化物和二氧化硫污染对树木净光合速率的影响

树木的净光合速率是光合速率与呼吸速率综合作用的结果，是树木生长发育的物质基础和能量来源。在大气质量较好的一机厂办公区，供试树种都有很高的净光合速率，阔叶树中以榆树的净光速率最高，为 23.77μmol/（s·m²），其次为丁香，为 13.58μmol/（s·m²）。复叶槭最小，为 5.065μmol/（s·m²）；针叶树中，侧柏的净光合速率最高，为 516.4μmol/（g·s），圆柏次之，为 363.3μmol/（g·s），杜松最低，为 243.5μmol/（g·s）。当大气受到污染后，树木的净光合速率开始下降，在大气二氧化硫和氟污染最严重的包钢耐火材料厂，榆树的净光速率下降了 46.7%，加拿大杨下降了 8.4%，丁香下降了 43.6%，山梅花下降了 84.8%，油松下降了 69.1%，圆柏下降了 42.8%，侧柏下降了 60.3%。据此，可以看出这些树种对大气污染的敏感性，山梅花对大气污染最敏感，下降幅度最大，达 84.8%，表现出对大气污染较弱的抗性；青杨下降幅度最小，仅为 8.4%，它对大气污染有较强的抗性。

为了进一步探讨大气二氧化硫和氟化物污染对树木净光合速率的影响，对表 7-1 和表 7-2 中的数据进行转换，以各树种在一机厂的净光合速率为 100%，结果见表 7-3 和表 7-4，将相对光合速率与大气中的污染物浓度进行相关分析，相关距阵见表 7-5。

由表 7-5 数据可知，X_1 和 X_2 与 Y 的相关性很高，进行逐步回归，$F_{X_1}=22.99$，$F_{X_2}=3.66$，达到显著水平 $[F_{0.05}（2，52）=3.17]$。回归方程为 $Y=1.0420-0.156X_1-0.023X_2$（复相关系数为 0.6105，达极显著水平，$\gamma_{0.01}=0.3541$，$\gamma_{0.001}=0.4433$，偏相关系数 $\gamma_1=-0.56$ 达极显著水平，$\gamma_2=0.27$ 达显著水平）。

表 7-1　几种针叶树种在不同大气污染浓度下的光合速率
Table 7-1　Photosynthesis of some conifer tree species
exposed to different air pollution regimes

树种	采集地点	净光合速率 [μmol/（g·s）]	净呼吸速率 [μmol/（g·s）]	蒸腾速度 [μmol/(g·s)]	水分利用效率（μmolCO₂/ molH₂O）	SO₂ 质量浓度（mg/dm³）	氟化物质量浓度（mg/dm³）
油松	包头医学院	221.1	105.8	27.38	807.5	0.65	3.27
	包钢耐火厂	104.6	27.10	1479	707.4	337.5	8.14
	二电厂	305.0	126.8	5396	565.3	230.3	4.91
	一电厂	214.3	94.14	3692	580.5	250.9	6.635
	一机厂	338.9	64.44	2231	1518	2.8	4.23

续表

树种	采集地点	净光合速率 [μmol/(g·s)]	净呼吸速率 [μmol/(g·s)]	蒸腾速度 [μmol/(g·s)]	水分利用效率 (μmolCO₂/molH₂O)	SO₂质量浓度 (mg/dm³)	氟化物质量浓度 (mg/dm³)
杜松	包头医学院	234.3	78.71	3506	668.5	0.65	45.21
	二电厂	164.3	66.14	5013	327.7	230.3	48.80
	一机厂	243.5	59.18	6862	354.9	2.8	4.23
圆柏	包头医学院	277.1	76.76	4706	580.3	0.65	3.27
	包钢耐火厂	209.1	125.7	3763	555.7	337.5	8.14
	二电厂	246.5	195.0	99.34	248.2	330.3	4.91
	一电厂	126.7	37.97	4463	284.0	250.9	6.63
	一机厂	363.3	8383	8708	417.2	2.8	4.23
	包头铝厂	229.2	127.1	6508	352.2	28.1	12.94
侧柏	包头医学院	542.8	127.2	7356	737.8	0.65	3.27
	包钢耐火厂	204.8	77.07	3330	615.2	337.5	8.14
	二电厂	184.7	281.8	9668	191.0	230.3	4.91
	一机厂	516.4	116.2	6948	743.2	2.8	4.23
	包头铝厂	282.3	127.5	7570	372.9	8.1	12.94

表 7-2　几种阔叶树种在不同大气污染浓度下的光合速率

Table 7-2　Photosynthesis of some broadleaf tree species reposed to different airpollution regimes

树种	采集地点	净光合速率 $[\mu mol/(s\cdot m^2)]$	净呼吸速率 $[\mu mol/(s\cdot m^2)]$	气孔阻力 (s/cm)	蒸腾速度 $[mol/(g\cdot m^2)]$	水分利用效率 $(\mu molCO_2/ molH_2O)$	SO_2质量浓度 (mg/dm^3)	氟化物质量浓度 (mg/dm^3)
榆树	包头医学院	13.72	3.939	0.4172	0.218	627.4	7.8	3.27
	包钢耐火厂	12.68	4.501	0.5793	0.155	817.9	337.5	8.14
	二电厂	9.800	2.804	0.6568	0.216	452.8	230.3	4.91
	一电厂	18.21	3.184	0.4694	0.241	755.5	250.9	6.635
	一机厂	23.77	2.450	0.3070	0.252	941.3	2.8	4.23
	包头铝厂	18.93	2.956	0.4269	0.169	1117	8.1	12.94
复叶槭	包头医学院	5.197	2.636	0.8764	0.134	387.3	3.27	3.27
	一电厂	0.287	0.379	1.109	1.0	0.28	20.91	6.64
	一机厂	5.068	6.621	0.7269	0.166	304.7	0.23	4.23
	包头铝厂	1.533	5.478	1.213	0.101	151.3	0.73	12.94
青杨	二电厂	5.618	3.809	0.8409	0.208	269.3	23.31	48.80
	一电厂	10.51	4.900	0.6852	0.194	541.0	250.9	0.64
	一机厂	10.60	3.407	0.7289	0.158	668.0	2.8	4.23
	包头铝厂	7.347	2.975	1.030	0.119	616.7	8.1	12.94
加拿大杨	包头医学院	16.51	3.375	0.3616	0.167	987.3	0.65	45.21
	包钢耐火厂	7.732	3.008	0.5934	0.146	529.2	337.5	101.8
	一电厂	6.312	8.430	0.4646	0.239	263.8	250.9	6.64
	一机厂	8.441	6.175	0.4205	0.256	328.9	2.8	4.23
丁香	包头医学院	11.87	3.102	0.6441	0.169	700.4	0.65	3.27
	包钢耐火厂	7.662	3.993	0.9850	0.114	667.6	337.5	8.14
	二电厂	3.663	5.598	0.6586	0.238	153.3	230.3	4.91
	一电厂	6.702	2.263	0.7976	0.164	407.7	250.9	6.635
	一机厂	13.58	4.266	0.6094	0.190	712.2	2.8	4.23
	包头铝厂	9.211	2.900	0.8112	0.131	702.5	8.1	12.94
山梅花	包头医学院	7.061	2.447	0.5694	0.243	289.9	0.65	3.27
	包钢耐火厂	1.650	3.358	1.214	0.118	138.7	337.5	8.14
	二电厂	0.0320	3.492	2.021	0.114	2.198	230.3	4.91
	一机厂	10.9813	3.867	0.7776	0.181	606.8	0.23	4.23
	包头铝厂	12.83	4.138	0.8352	0.132	972.4	8.1	12.94
山杏	二电厂	5.360	3.878	0.6310	0.219	244.0	230.3	48.80
	一机厂	12.85	6.129	0.7139	0.183	699.6	2.8	4.23
	包头铝厂	4.814	1.555	1.300	0.102	471.7	0.73	56.20

7-3 几种针叶树种在不同大气污染浓度下的相对光合速率

Table 7-3 Relative Photosynthesis of some conifer tree species exposed to different airpollution regimes

树种	采集地点	净光合速率	净呼吸速率	蒸腾速度	水分利用效率	SO_2 质量浓度（mg/dm^3）	氟化物质量浓度（mg/dm^3）
油松	包头医学院	0.652	1.64	1.22	0.53	0.65	3.27
	包钢耐火厂	0.309	0.42	0.66	0.46	28.13	8.14
	二电厂	0.899	1.96	2.41	0.37	19.19	4.91
	一电厂	0.632	1.46	1.65	0.38	20.91	6.635
	一机厂	1.00	1.0	1.0	1.0	0.23	4.23
杜松	包头医学院	0.963	1.33	0.51	1.88	0.65	3.27
	二电厂	0.675	1.12	0.73	0.91	19.19	4.91
	一机厂	1.0	1.0	1.0	1.0	0.23	4.23
圆柏	包头医学院	0.763	0.92	0.54	1.39	0.65	3.27
	包钢耐火厂	0.576	1.499	0.43	1.33	28.13	8.14
	二电厂	0.673	2.376	1.13	0.59	19.19	4.91
	一电厂	0.348	0.45	0.51	0.68	20.91	6.63
	一机厂	1.0	1.0	1.0	1.0	0.38	4.23
	包头铝厂	0.631	1.51	0.75	0.84	0.23	12.94
侧柏	包头医学院	1.051	1.09	1.057	0.99	0.65	3.27
	包钢耐火厂	0.397	0.66	0.48	0.83	28.15	8.14
	二电厂	0.358	2.42	1.38	0.26	19.19	4.91
	一机厂	1.0	1.0	1.0	1.0	0.23	4.23
	包头铝厂	12	1.12	1.69	0.50	0.73	12.94

关于大气污染对树木净光合作用的影响研究国内外报道较少。据郑美珠研究，大气 SO_2 污染使叶组织中汁液 pH 值下降，从而使树木叶细胞等电点和缓冲容量发生变化，使叶绿体的微环境发生变化，影响了叶绿体的活性。光合作用是十分复杂的生物化学过程，受许多酶的调控，而大多数酶的活性受其环境 pH 值的影响，在一定 pH 范围内，酶促反应具有最大速度，高于或低于此 pH 值范围，反应速度下降。有关研究表明，大气污染可导致酶分子之间结构和酶活性的变化[20、30、35、36、37]。SO_2 可抑制 S′ —磷酸硫磺基转移酶的活性。SO_2 进入植物体后，由于形成的 HSO_3 对重碳酸盐位置的竞争性抑制作用，使得核酮糖 –5—磷酸羧化酶受到明显抑制[10]，SO_2 和 NO_2 进入叶片后使过氧化氢酶钝化[20]。SO_2 进入植物体后在水中溶解而成亚硫酸，降解叶绿素分子的卟啉环，使 Mg^{2+} 流失，

成为没有活性的脱镁叶绿素。SO_3^{2-} 还可与硫化物（如胱氨酸等）发生作用，切断其双硫键，导致含硫蛋白的质变性，膜蛋白结构破坏，破坏了膜的选择透性。用电子探针测到，叶绿体中含有较高浓度的氟化物时，叶绿素 a、b 含量都会下降，植物叶片中的 Ca 与氟化物发生反应生成不溶于水的氟化钙，导致细胞原生质和叶绿休的破坏，使受害部位脱水、变干、坏死，从而使光合作用速率下降。单运峰在研究酸雨对树木净光合速率的影响时也发现接受 pH 值 4.5、3.0、2.0 模拟酸雨的青冈其净光合速率分别减少了 11.2%、12.5% 和 30.5%，pH 值 4.5、3.0 和 2.0 的人工模拟酸雨使马尾松幼树单位干重叶净光合速率分别降低 5.3%、7.6% 和 32.4%，但对火力楠幼树的净光合速率影响不显著，表明树木对模拟酸雨的反应因树种而异。

表 7-4　几种阔叶树种在不同大气污染浓度下的相对光合速率
Table 7-4　Relative Photosynthesis of some broadleaf tree
species exposed to different air pollution regimes

树种	采集地点	净光合速率	净呼吸速率	气孔阻力	蒸腾速度	水分利用效率	SO_2 质量浓度（mg/dm^3）	氟化物质量浓度（mg/dm^3）
榆树	包头医学院	0.577	1.60	1.358	0.86	0.66	0.65	3.27
	包钢耐火厂	0.533	1.83	1.887	0.66	0.86	28.15	8.14
	二电厂	0.412	1.144	2.139	0.84	0.47	19.19	4.91
	一电厂	0.766	1.299	1.528	0.96	0.80	20.91	6.635
	一机厂	1.00	1.0	1.0	1.0	1.0	0.23	4.23
	包头铝厂	0.796	1.206	1.391	0.64	1.18	0.73	12.94
复叶槭	包头医学院	1.025	0.398	1.206	0.81	1.27	3.27	3.27
	一电厂	0.287	0.379	1.109	1.0	0.28	20.91	6.64
	一机厂	1.00	1.0	1.0	1.0	1.0	0.23	4.23
	包头铝厂	0.302	0.827	1.668	0.63	0.50	0.73	12.94
青杨	二电厂	0.530	1.118	1.154	1.33	0.39	19.19	4.91
	一电厂	0.991	1.438	0.940	1.27	0.82	20.91	6.64
	一机厂	1.0	1.0	1.0	1.0	1.0	0.23	4.23
	包头铝厂	0.693	0.873	1.413	0.73	0.92	0.73	12.94
加拿大杨	包头医学院	1.955	0.547	0.860	0.64	3.01	0.65	3.27
	包钢耐火厂	0.916	0.487	1.411	0.56	1.61	28.15	8.14
	一电厂	0.726	1.365	1.105	0.92	0.80	20.91	6.64
	一机厂	1.0	1.0	1.0	1.0	1.0	0.23	4.23

树种	采集地点	净光合速率	净呼吸速率	气孔阻力	蒸腾速度	水分利用效率	SO$_2$质量浓度（mg/dm^3）	氟化物质量浓度（mg/dm^3）
丁香	包头医学院	0.874	0.727	1.057	0.84	0.98	0.65	3.27
	包钢耐火厂	0.564	0.930	1.616	0.58	0.93	28.15	8.14
	二电厂	0.270	1.310	1.080	1.21	0.21	19.19	4.91
	一电厂	0.494	0.53	1.308	0.84	0.56	20.91	6.635
	一机厂	0.00	1.0	1.0	1.0	1.0	0.23	4.23
	包头铝厂	0.678	0.68	1.331	0.68	0.98	0.73	12.94
山梅花	包头医学院	0.643	0.645	0.732	1.33	0.47	0.65	3.27
	包钢耐火厂	0.150	0.885	1.561	0.61	0.22	28.15	8.14
	二电厂	0.003	0.903	2.599	0.61	0.45	19.19	4.91
	一机厂	1.00	1.00	1.0	1.0	1.0	0.23	4.23
	包头铝厂	1.10	1.090	1.074	0.72	1.61	0.73	12.94
山杏	二电厂	0.417	0.633	0.884	1.17	0.35	19.19	4.91
	一机厂	1.0	1.0	1.0	1.0	1.0	0.23	4.23
	环保局	0.375	0.254	1.821	0.56	0.67	0.73	12.94

表 7-5   树木净光合速率与大气质量相关矩阵

Table 7-5   Correlation matrix between net photosynthetic rate of tree and air quality

项　目	X_1	X_2	Y
大气 SO$_2$ 浓度 X_1	1.00	0.1114	−0.5691
大气 XF 浓度 X_2	0.1114	1.00	−0.2830
树木净光合速率 Y	−0.5691	−0.2830	1.00

2.2 大气氟化物和二氧化硫污染对树木呼吸速率的影响

呼吸作用是植物体内一切代谢活动的中心，一方面，呼吸作用为各种代谢活动提供能量，另一方面，它又消耗光合作用的产物，因此呼吸作用的过强和过弱都不利于树木的生长发育。由表 7-1 和表 7-2 中数据可知，大气污染对树木的呼吸作用的影响是很复杂的，榆树在污染最严重的包钢耐火材料厂呼吸速率比在大气质量较好的一机办公区增强了 83%，在其他各点上也表现出程度不同的加强，青杨在 SO$_2$ 和 XF 污染都很重的一电厂呼吸作用增强了 43.8%，而在 SO$_2$ 污染很轻而 XF 污染很重的包头铝厂，呼吸作用却下降了 12.7%，而山梅花却正好相反，在包钢耐火材料厂和二电厂呼吸速率下降了 11.5% 和 9.7%，在包头铝厂却增加了 9.0%。以各树种的相对呼吸速率进行相关分析表明（表 7-6），各树种的呼吸速率与大气 SO_2 和 XF 污染浓度之间无显著相关，逐步回归分析结果 $F_{X_1}=0.50$，$F_{X_2}=0.19$，说明呼吸速率与大气 SO_2 和 XF 浓度之间的关系是复杂的，各树种间没有一致性。

表 7-6 呼吸速率与大气质量相关矩阵
Table 7-6 Correlation matrix between respiration rates of trees and air pollution regimes

项 目	X_1	X_2	Y
大气 SO_2 浓度 X_1	1.00	0.11	0.10
大气 XF 浓度 X_2	0.11	1.00	−0.05
树木净光合速度 Y	−0.10	−0.05	1.00

缘何大气 SO_2 和 XF 对净光合速率有明显影响，而对呼吸速率影响无明显规律，也许跟细胞内器官结构有关，光合作用在细胞内的叶绿体中进行，而呼吸作用在线粒体中进行，研究表明，SO_2 的作用点在光合器叶绿体上，使 PS II 受抑制。另外它们之间的酶系统也许存在着很大差别，各个物种间在代谢途径上也各有不同，XF 的有些物质是树木呼吸作用的抑制剂，但抑制途径不同，如 XF 只能抑制三羧酸循环途径而不能抑制糖酵解一磷酸成糖途径，XF 对有些酶活性有抑制作用，对有些酶有促进作用，如抑制呼吸作用的聚苯酚氧化酶、琥珀酸脱氢酶，却促进呼吸作用的细胞色素、氧化酶、过氧化氢酶，这也许是造成各树种呼吸作用变化不一的原因。

关于大气污染对树木呼吸作用的影响研究报道极少，单远峰在研究酸雨对苗木呼吸作用影响时发现，酸雨 pH 值下降，苗木暗呼吸作用速率明显加强，青冈幼苗在 pH 为 4.5、3.0 和 2.0 酸雨处理后暗呼吸速率分别增加 9.3%、10.6% 和 123.6%，pH 为 2.0 的模拟酸雨使马尾松、杉木和火力楠幼树的暗呼吸速率分别增加 55.0%、34.8% 和 110%。Ferenbaugh（1976）报道，模拟硫酸雨显著提高菜豆的呼吸速率，韦安阜（1982）报道 SO_2 使植物的呼吸强度增大，Triter 等（1987）报道用 pH 值为 5.0、4.0 和 3.0 的酸雨喷洒、土壤浇洒和水培三种方法处理菜豆，结果为 pH 值对菜豆的呼吸作用无明显影响

2.3 大气氟化物和二氧化硫污染对树木气孔运动的影响

气孔是树木体与外界环境进行 H_2O 和 CO_2 等气体交换的重要门户，也是气体交换的调节机构。气体污染物主要通过气孔进入组织，因此气孔在大气污染物对植物的影响中占有相当重要的地位，由表 7-1 和表 7-2 数据可知，大气污染使

供试树种的气孔总传导度降低，气孔阻力增大。相关分析结果表明，气孔总传导度与大气 SO_2 和 XF 质量浓度之间相关紧密（表 7-7），气孔阻力与大气 SO_2 浓度相关密切，而与大气 XF 质量浓度之间无显著相关性（表 7-8）。逐步回归分析结果，气孔总传导的回归方程为 $Y=1.0904-0.0048X_1-0.0187X_2$（复相关系数 $R=0.421$，$R_{0.01}=0.3541$，达极显著水平，$F_{X_1}=4.19$，$F_{X_2}=5.79$，$F_{0.05}$（2.52）$=3.17$），气孔阻力的回归方程为 $Y=1.069+0.00936X_1$（复相关系数 $r=0.386$，$R_{0.01}=0.3541$）。

有关大气污染对气孔阻力的影响，国内外报道较少，刘祖祺等认为气孔对 HF 的反应非常敏感，植物叶片接触到 HF 就影响气孔的开张度，水稻等作物在 $0.007mg/m^3$ 的 HF 气体中暴露 4h，气孔阻力就比对照增加 108.0%，8h 后升为 204.7%。而在笔者的试验中，供试树种对 SO_2 污染更敏感，这也许是木本树种与水稻等农作物物种不同而引起的。A.E.Weus 研究认为气孔对 SO_2 的反应十分复杂，植物种类不同，SO_2 浓度和暴露时间不同气孔的反应不同，他认为通常情况下 SO_2 促使植物气孔关闭，气孔对 SO_2 质量浓度的反应通常是 SO_2 质量浓度越大，气孔反应越快。质量浓度范围为 0.25×10^{-6}~$4.0\times10^{-6}mg/m^3$ 的 SO_2 对菜豆等 5 种植物进行急性暴露试验，结果表明在 SO_2 作用下植物叶片气孔阻力随 SO_2 的剂量增加而增加，植物气孔扩散力与 SO_2 剂量成正比。高吉喜研究发现虽然 SO_2 对气孔开张有显著影响，但 SO_2 似乎并不改变气孔的运动规律。曹洪法详细记载了 SO_2 熏气对菜豆气孔运动日变化的影响，结果表明，不同 SO_2 浓度处理使菜豆气孔阻力不同程度地增大，但气孔运动的日变化规律完全一样。

表 7-7 气孔总传导率与大气 SO_2 和 XF 质量浓度相关矩阵
Table 7-7 Correlation matrix between stamatal conduction of tree and SO_2 and XF concentration in atmosphere

项 目	X_1	X_2	Y
大气 SO_2 浓度 X_1	1.00	0.0703	−0.2902
大气 XF 浓度 X_2	0.073	1.00	−0.3252
气孔总传导度 Y	−0.2902	−0.3252	1.00

表 7-8 气孔阻力与大气 SO_2 和 XF 质量浓度相关矩阵
Table 7-8 Correlation matrix between stamatal resistance of trees and SO_2 and XF concentration in atmosphere

项 目	X_1	X_2	Y
大气 SO_2 浓度 X_1	1.00	0.07	0.31
大气 XF 浓度 X_2	0.01	1.00	0.25
气孔阻力 Y	0.31	0.25	1.00

SO$_2$促使气孔关闭的机制，目前被认为是植物吸收SO$_2$后，叶片ABA含量增高，抑制保卫细胞中H$^+$/K$^+$交换，促进苹果酸渗漏，导致保卫细胞膨压降低，使气孔关闭。另一原因是SO$_2$改变了保卫细胞的膜透性使K$^+$外流增大，细胞膨压减少，气孔关闭。试验证明，SO$_2$浓度为2.45×10^{-6}mg/m^{3}时，叶片K$^+$外渗量比对照增加2.16倍，气孔扩散阻力增加9.86倍。

2.4 大气氟化物和二氧化硫污染对树木蒸腾作用和水分利用效率的影响

大气污染由于降低了树木的净光合速率，使气孔导度变小，气孔阻力增大，因而使供试树种的蒸腾速率下降，水分利用效率降低，相关分析结果表明，大气XF污染对树木的蒸腾作用有显著的抑制作用（F_{X_2}=4.17，$F_{0.05}$（2.52）=3.17），而大气SO$_2$污染对蒸腾作用则无显著影响（F_{X_1}=0.001）；大气XF污染对供试树木的水分利用效率无显著影响（F_{X_2}=0.06），大气SO$_2$污染却显著降低了供试树种的水分利用效率（F_{X_1}=8.05），大气污染影响树木蒸腾作用的回归方程为Y=1.1104–0.02965X_2（r=0.2715，$r_{0.05}$=0.267），大气污染影响树木水分利用效率的回归方程为Y=1.03374–0.01596X_1（r=0.377，$r_{0.05}$=0.267）

3 小 结

（1）大气二氧化硫和氟化物污染降低了树木的净光合作用，程度的大小因树种不同而异。

（2）大气二氧化硫和氟化物污染对树木呼吸作用的影响因树种不同而异，有些树种增强，有些减弱。

（3）大气污染使树木气孔总传导度下降，气孔阻力增大。

（4）大气污染使树木蒸腾作用受抑制，水分利用效率下降。

第 8 章　树木对大气污染的
适应性及吸收能力

　　树木在生活过程中，每时每刻都在与环境进行着气体交换。当大气被污染以后，各种有毒气体也会随着气体交换被植物吸收，当有毒物质在树木体内积累过多或时间过长时，超过了树木自身的解毒能力及忍耐程度，就会影响树木的正常生长发育，新陈代谢活动受到阻碍，光合速率减弱，呼吸作用增强，叶绿素和部分叶组织受到破坏，但是不同树种对有毒气体的吸收能力及忍耐程度是不同的，研究树木对大气污染的适应性及吸收能力为我们在污染区绿化选择树种提供了依据。

1 研究材料

　　本项课题研究所用植物材料包括：油松 *Pinus tabulaeformis* Carr、樟子松 *Pinus sylvestris* var. *mongolica* Litv、圆柏 *Sabina chinensis*（L.）Ant、侧柏 *Platycladus orietalis*（L.）Franco、云杉 *Picea asperata* Mast、杜松 *Juniperus rigida* Sieb.et Zucc.、沙地柏 *Sabina vulgaris* Ant.）、新疆杨 *Populus albay* cv. pytamidalis、河北杨 *Populus hopeiensis* Hu et Chow、加拿大杨 *Populus canadensis* Moench、垂柳 *Salia babylonica* L.、榆树 *Ulmus pumila* L.、大果榆 *Ulmus macrocarpe* Hance、白桦 *Betula platyphylla* Suk、龙爪槐 *Sophora Japonica* var. *pendula* Loud、丝棉木 *Euonymus bungeanus* Maxim、槐树 *Sophora japouica* L.、皂荚 *Gleditsia sinensis* Lam、白蜡 *Fraxinus chinensis* Roxb、小叶杨 *Populus simonii* Carr、垂枝榆 *Ulmus pumila* var.pendula、刺槐 *Robinia pseudoacacia* L.、山桃 *Prunus davidiana*（carr.）Franch、丁香 *Syringa reticulata* var. *mandshurica*、珍珠梅 *Sorbaria kirilowii*（Reqel）Maxim、黄刺玫 *Rosa xanthina* Lindl、连翘 *Forsythia suspensa*（thunb.）Vahl、黄太平 *Malus pumila* Mill、

榆叶梅 *Prunus riloba* Lindl、毛樱桃 *Prunus tomentosa* Thunb、紫穗槐 *Amorphu fruticosa* L.

2 研究方法

2.1 植物抗污能力的研究

2.1.1 各树种在污染环境中的生长状况调查

在包钢大气污染比较严重的烧结厂、焦化厂、炼钢厂等厂区对这里种植的园林植物的生长状况、受害症状、存活率进行调查,并进行分类,分成抗性较强、中等、较弱三个类型。

2.1.2 各树种人工熏气、蘸枝试验

耐氟试验,采取离体枝叶的 HF 浸枝法和栽培植株 HF 浸枝法,分选线为 $500\mu g/g$,凡枝叶受害 20% 以上的,再做 400、300、200、100$\mu g/g$ 试验。凡枝叶受害面积不足 20% 的,再做 700、900、1100、1300$\mu g/g$,高浓度试验。二氧化硫采取"离体枝叶熏气""栽培全株熏气"法,浓度为 300$\mu g/g$。

2.2 植物吸收污染物能力的研究

2.2.1 植物吸污能力的年变化规律

以新疆杨、圆柏、丁香为研究材料,分别代表阔叶树、针叶树、乔木、灌木,在生长季内,每隔 15d 采一次样,测定其体内、叶片内的污染物含量。

2.2.2 不同污染条件下植物吸污能力的变化规律

以包头市环保局环境质量监测点为基础,在环境监测的基础上,测定各种植物在不同污染条件下的吸污能力,共设点 20 个,树种 20 个,分析两者之间的相关关系。

2.2.3 植物样品中微量氟的测定采用微量扩散法

2.2.4 植物样品中硫的测定采用标准比色法

2.2.5 植物一生吸污总量的计算

(1)植物一生叶总量的计算:选择不同年龄的植物,用标准枝法测定叶量,建立生长方程,计算叶总量。

(2)吸收和转化系数:用同位素显影技术计算植物叶吸收污染物后,向体内各器官的转移比例,定名吸转系数。

(3)吸污总量(Yi)= 叶总量 × 叶吸污能力 ×（吸转系数 +1）

3 结果分析

3.1 树木对大气污染的适应性

通过栽培全株熏气实验和离体枝叶浸枝实验，结合污染源树木生长、受害症状调查，对树木的环境污染的适应性进行分级，分级标准为：阔叶树类凡在同一浓度熏气或蘸枝实验中叶面受损 20% 以下的为耐性强的树种，叶面受损 60% 以下的为耐性一般的树种，叶面受损 60% 以上的为耐性弱的树种；针叶树在耐氟实验中叶面受损 10% 以下者为耐性强的树种，而耐二氧化硫分级则针、阔叶树相同，结果见表 8-1、表 8-2。

表8-1　针叶树耐氟及二氧化硫分级表

Table 8-1　Classification of conifer tree species in terms offluorine-and sulfur dioxide-tolerance

耐性强的树种		耐性一般树种		耐性弱的树种	
耐氟	耐二氧化硫	耐氟	耐二氧化硫	耐氟	耐二氧化硫
圆柏	侧柏	侧柏	白皮松	油松	油松
臭柏	臭柏	云杉(两种)	樟子松	落叶松	落叶松
杜松	圆柏	樟子松			
	杜松	黑皮油松			
		白皮松			

表8-2　阔叶树耐氟及二氧化硫分级表

Table 8-2　Classification of broadleaf tree species in terms of fluorine-and sulfur dioxide-tolerance

耐性强的树种		耐性一般树种		耐性弱的树种	
耐氟	耐二氧化硫	耐氟	耐二氧化硫	耐氟	耐二氧化硫
桎柳	槐树	辽杨	皂荚	榆叶梅	毛樱桃
榆树	桎柳	胡枝子	苦枥白腊	啤酒花	紫椴
沙枣	黄柏	白桦	沙棘	小叶杨	山葡萄
沙棘	榆树	苦枥白腊	柳树	山葡萄	榆叶梅
加拿大杨	玫瑰	槐树	黄太平	马奶葡萄	
胡杨	黄刺玫	大叶榆	海棠		

耐性强的树种		耐性一般树种		耐性弱的树种	
耐氟	耐二氧化硫	耐氟	耐二氧化硫	耐氟	耐二氧化硫
合作杨	刺槐	小美寒杨	枸杞		
垂柳	胡枝子	五台杨	沙枣		
紫穗槐	紫穗槐	北京杨	花木蓝		
柳树	丝棉木	粗枝青杨	珍珠梅		
庭藤	加拿大杨	钻天杨	白皮杨		
黄刺玫	胡合杨	小青杨	北京杨		
白玉棠		大观杨	粗枝青杨		
丝棉木		紫椴	文冠果		
		黄柏	大叶榆		
		白皮杨	接骨木		
		青皮杨	复叶槭		
		大叶白蜡	白桦		
		暴马丁香	啤酒花		
		皂荚	银白杨		
		毛樱桃			

3.2 树木对二氧化硫和氟化物的吸收能力

3.2.1 树木吸收二氧化硫和氟化物的年变化规律

为了研究树木吸收二氧化硫和氟化物的年变化规律，在包头钢铁稀土公司耐火材料厂内选择新疆杨、杜松、丁香分别代表阔叶树、针叶树、乔木、灌木，在生长季节每半个月采集一次植物样品进行测定，检测体内 S 的年度变化，结果见表 8-3。

表8-3　树木体内S含量年度变化律
Table 8-3　Annual variance of sulfur content within trees
单位：%

时　　间	新　疆　杨	杜　　松	丁　　香
4.13	—	—	0.14
4.27	—	0.21	0.15
5.10	0.14	0.20	—
5.22	0.13	—	0.14

时　　间	新疆杨	杜　松	丁　香
5.30	—	—	—
6.10	0.16	0.18	0.14
6.21	0.15	0.19	0.14
6.30	0.15	0.15	0.14
7.10	0.15	0.15	0.16
7.20	0.17	0.15	0.17
7.31	0.16	0.17	0.18
8.10	0.20	0.14	0.19
8.22	0.23	0.15	—
8.31	0.36	0.15	0.20
9.10	0.39	—	—
9.20	—	0.18	0.21
9.29	—	0.20	0.20

由表 8-3 数据可见 S 在针叶树和阔叶树体内的积累是不同的，新疆杨在 5 月底以前，叶片内 S 的含量较低，这一方面是由于叶片刚刚长出没有积累，另一方面，随着叶片的迅速生长，叶片内 S 含量被稀释，有时还相对下降，叶片内 S 含量不稳定，出现波动；从 6 月初到 7 月底，则表现相对稳定，这一时期是全年中大气污染最轻的季节，大气中 SO_2 质量浓度下降，叶片内 S 含量增加较少，出现相对平衡；从 8 月中旬起叶片内 S 含量不断增加，到落叶前的 9 月中旬达到最高。针叶树杜松叶内 S 含量的变化则与新疆杨明显不同，从 4 月底到 6 月中旬叶片内 S 含量较高，这是由于一冬的积累所至，从 6 月底到 8 月底含量较低，从 9 月份起又逐渐升高。灌木丁香的年变化基本与新疆杨相同，春季较低且稍有波动，夏季较平稳，秋季逐步上升。

3.2.2　^{35}S 在树木体内的转移和分散

大气中的 SO_2 被树木的叶片吸收，但树木的叶片吸收了大气中的 SO_2 气体并不一定全部滞存于叶片内，通过各种代谢，转化为其他物质成分，有一部分要分散、运转到枝条、根系，以至于通过根系排放到土壤中，因此，叶片积累 ^{35}S 多而分散转移少的树种不一定是吸收污染物能力强的树种，而转移分散快的树种，虽叶片内积累的 ^{35}S 少但不一定吸收污力弱，该项研究中以同位素 ^{35}S 视踪法进行，根据同位素自显影的数据，计算转移分散系数，以侧柏代表针叶树，白蜡代表阔叶树，结果见表8-4。

表8-4　侧柏、白蜡^{35}S在体内的分散

Table 8-4　Distribution of S35 in Chinese arborvitae and ash

单位：%

树种	叶	茎	主根	侧根
白蜡	100	5.70	0.35	0.43
侧柏	100	20.50	2.50	1.9

以上两个树种分别代表了阔叶树和针叶树，从数据中看出阔叶树叶片吸污量很强，主要存在于叶部，向体内转移很少，秋冬季节随叶落而离开生物体，这是生物的一种自身保护措施，同时提醒环保部门应严格禁止燃烧树木落叶，否则污染物又会回到大气中。国内许多城市如北京、上海已明确做出此项规定，枯枝落叶应埋到土壤中。既不造成污染又会增加土壤有机质，提高土壤肥力。针叶树叶片吸收污染物后，转移较多，由于针叶树冬季叶片不落，高的分散力减弱了有害物质对叶片的伤害，这也同样是树木的适应性。

3.2.3　树木在不同污染程度下吸收污染物能力的变化规律

植物对大气氟化物污染的吸收能力，在质量浓度低时，随着污染的加重，氟化物在树木体内的富集越多，即随着污染物浓度的增加，吸收量增加，但当氧化物质量浓度达到一定数量后，植物生命力降低，以至最后死亡，吸收量会逐渐下降，呈抛物线型变化。各种植物在不同氟化物污染下的变化规律抛物线方程见表 8-5。

表8-5　树木吸收大气氟化物能力变化规律

Table 8-5　Variance of fluorine-absorbability of trees from atmosphere

树　种	吸收氟化物能力变化规律方程式	相关系数	显著性临界水平
白　蜡	$Y=158.48+9.155X-0.0390X^2$	0.87	0.63
旱　柳	$Y=20.76+8.41X-0.0254X^2$	0.89	0.71
河北杨	$Y=389.55+13.35X-0.0476X^2$	0.79	0.63
槐　树	$Y=203.16+11.73X-0.0500X^2$	0.77	0.63
丝棉木	$Y=168.52+9.221X-0.0387X^2$	0.88	0.71
丁　香	$Y=721.71+11.16X-0.0949X^2$	0.75	0.55
加拿大杨	$Y=216.0+7.40X-0.026X^2$	0.86	0.63
垂枝榆	$Y=553.23+6.337X-0.0103X^2$	0.79	0.63

续表

树 种	吸收氟化物能力变化规律方程式	相关系数	显著性临界水平
圆 柏	$Y=466.23+16.05X-0.0680X^2$	0.77	0.75
油 松	$Y=557.06+17.39X-0.0681X^2$	0.79	0.51
侧 柏	$Y=1007.36+25.79X-0.1048X^2$	0.88	0.87
珍珠梅	$Y=135.47+9.099X-0.0392X^2$	0.87	0.71
刺 槐	$Y=168.56+9.740X-0.0415X^2$	0.83	0.71
杜 松	$Y=555.78+18.5X-0.0692X^2$	0.66	0.43
山 桃	$Y=197.83+6.680X-0.0155X^2$	0.95	0.87
榆 树	$Y=99.114+4.182X-0.0219X^2$	0.65	0.58
云 杉	$Y=139.7+35.23X-0.1425X^2$	0.85	0.63
龙爪槐	$Y=261.26+6.732X-0.0153X^2$	0.97	0.81
垂 柳	$Y=15.97+7.57X-0.0188X^2$	0.92	0.81
新疆杨	$Y=401.79+14.73X-0.0565X^2$	0.81	0.46
黄刺玫	$Y=267.01+11.82X-0.0487X^2$	0.84	0.71
连 翘	$Y=708.15+20.99X-0.0871X^2$	0.94	0.81
黄太平	$Y=441.02+11.82X-0.0461X^2$	0.96	0.87
沙地柏	$Y=316.14+16.31X-0.0634X^2$	0.94	0.87
榆叶梅	$Y=332.41+8.018X-0.0219X^2$	0.86	0.71

植物对大气 SO_2 的吸收能力随着 SO_2 浓度的增加，体内 S 的积量呈直线上升，其变化规律方程式见表 8-6。

表8-6　树木吸收大气SO_2能力变化规律

Table 8-6　Variance of sulfur dioxide-absorbability of trees from atmosphere

树 种	回归方程	相关系数	显著性临界水平
丁 香	$Y=0.152+0.00144X$	0.97	0.55
加拿大杨	$Y=0.131+0.00122X$	0.96	0.63
垂枝榆	$Y=0.136+0.00075X$	0.97	0.63

续表

树　种	回归方程	相关系数	显著性临界水平
侧　柏	$Y=0.097+0.00395X$	0.97	0.87
圆　柏	$Y=0.120+0.000648X$	0.89	0.75
油　松	$Y=0.120+0.000486X$	0.90	0.51
珍珠梅	$Y=0.095+0.00188X$	0.85	0.71
刺　桃	$Y=0.150+0.000935X$	0.98	0.71
杜　松	$Y=0.144+0.000499X$	0.83	0.43
山　桃	$Y=0.132+0.000897X$	0.91	0.87
榆　树	$Y=0.108+0.000926X$	0.98	0.58
云　杉	$Y=0.115+0.000615X$	0.88	0.63
龙爪槐	$Y=0.257+0.00108X$	0.92	0.81
垂　柳	$Y=0.148+0.00232X$	0.87	0.81
新疆杨	$Y=0.176+0.000785X$	0.95	0.46
黄刺玫	$Y=0.101+0.000205X$	0.92	0.71
连　翘	$Y=0.148+0.000207X$	0.85	0.81
黄太平	$Y=0.217+0.00134X$	0.91	0.87
沙地柏	$Y=0.113+0.00225X$	0.88	0.87
榆叶梅	$Y=0.133+0.00110X$	0.92	0.71
白　蜡	$Y=0.141+0.00132X$	0.89	0.63
旱　柳	$Y=0.122+0.00253X$	0.93	0.71
河北杨	$Y=0.168+0.00145X$	0.92	0.63
槐　树	$Y=0.110+0.000863X$	0.84	0.63
丝棉木	$Y=0.138+0.00141X$	0.87	0.71

3.2.4 树木单株吸收二氧化硫、氟化物总量的估测

要估测一株树木吸收二氧化硫、氟化物的总量，就要估测一株树木在不同年龄的叶总量，该项研究用平均标准枝法估测不同年龄的树木叶量，建立叶量生长方程见表8-7。对表8-7中方程求定积分，则可得到树种叶总量，则一株树木吸收氟化物的总量为：

$$XFZL=A（a+bX+cX^2）（B+1）$$

式中：XFZL——某树种在氟化物质量浓度为 X 时的吸氟总量；

　　　　a、b、c——某树种吸收氟化物能力变化规律方程系数；

　　　　A——某类树种叶总量；

　　　　B——某类树种吸收污染物向体内适转系数。

吸收二氧化硫的总量为：

$$XSOZZL=A（a+bX）（B+1）$$

式中：XSOZZL——某树种在二氟化硫质量浓度为 X 时的吸收总量；

　　　　a，b——某树种吸收二氧化硫能力变化规律方程系数。

表8-7　各树种叶量生长方程

Table 8-7　Increase regulation of leaf biomass

树种	回归方程	相关系数	显著性临界值
加拿大杨	$Y=8.6868 \times D1.8850$	0.97	0.43
刺槐	$Y=8.414 \times D3.2273$	0.97	〃
新疆杨	$Y=9.9404 \times D2.5250$	0.92	〃
榆树	$Y=2.754 \times D2.4965$	0.93	〃
河北杨	$Y=90.50 \times D1.61284$	0.98	〃
白桦	$Y=18.60 \times D2.2671$	0.91	〃
侧柏	$Y=10.0 \times D2.82$	0.90	〃
油松	$Y=24.80 \times D1.8755$	0.98	〃
云杉	$Y=19.326 \times D2.250$	0.94	〃
樟子松	$Y=18.10 \times D1.8415$	0.93	〃
柳树	$Y=68.5836 \times D1.51389$	0.94	〃
白蜡	$Y=13.3705 \times D2.5420$	0.91	〃
槐树	$Y=83.7096 \times D1.41003$	0.98	〃
皂荚	$Y=13.1015 \times D2.3723$	0.95	〃
圆柏	$Y=84.9817 \times D1.41204$	0.92	〃
黄刺玫	$Y=1305.5+121.25A$	0.62	〃
丁香	$Y=2053.1+1426.6A$	0.57	〃
珍珠梅	$Y=2114.3+1486.7A$	0.49	〃
连翘	$Y=1585.4+1334.7A$	0.82	〃
沙地柏	$Y=325.7+384.8A$	0.66	〃
龙爪槐	$Y=5.2602 \times D1.2427$	0.78	〃
山桃	$Y=4.8658 \times D1.4032$	0.65	〃
丝棉木	$Y=64.3563 \times D1.6321$	0.72	〃
黄太平	$Y=8.5742 \times D1.5239$	0.63	〃

表8-8　各树种吸污能力

Table 8-8　Capacity of retenting populators of different tree species

树种	含氟最大质量浓度（μg/g）	吸硫系数	叶生物量（g）	吸氟总量（g）	吸硫能力（%）
白　蜡	378.8	0.00132	1233268.4	467.2	16.27
旱　柳	716.9	0.00253	1398947.4	1002.9	35.39
河北杨	646.5	0.00145	2497395.2	1614.6	36.21
槐　树	402.4	0.000863	1146912	556.0	9.90
丝棉木	380.7	0.00141	1497678	570.2	21.12
丁　香	393.6	0.00144	193765	76.3	2.79
加拿大杨	310.5	0.00122	2289280.5	710.8	27.93
垂枝榆	421.5	0.00075	145744	61.4	1.09
圆　柏	480.8	0.000648	1504776	723.5	9.75
油　松	553.0	0.000486	1289800	713.4	6.26
侧　柏	579.3	0.00395	1157520	670.6	45.720
珍珠梅	392.5	0.00188	85750	33.7	1.61
刺　槐	402.93	0.000935	1673534.7	674.3	15.65
杜　松	680.7	0.000495	1574658	1071.8	7.80
山　桃	521.9	0.000897	394436.6	205.9	3.54
榆　树	298.8	0.000926	637708.8	190.5	5.91
云　杉	780.5	0.000615	1805731.5	1409.4	11.11
龙爪槐	479.2	0.00108	210167	100.7	2.27
垂　柳	746.06	0.00232	313495	233.9	7.27
新疆杨	556.9	0.00785	1917934.2	1068.1	15.06
黄刺玫	450.2	0.000207	37061	16.7	0.07
连　翘	556.43	0.000205	57674.2	32.1	0.12
黄太平	316.6	0.00134	80200	25.4	1.07
沙地柏	732.8	0.00225	60874.9	44.6	1.37
榆叶梅	401.7	0.00110	687223	27.6	0.756

　　由于树木吸收大气二氧化硫和氟化物的能力随污染物质量浓度的变化而变化，在不同浓度下，各树种的吸污能力不同，如在甲浓度下，A树种吸污能力大于B树种，而在乙浓度下则B树种的吸污能力大于A树种，如图8-1所示。

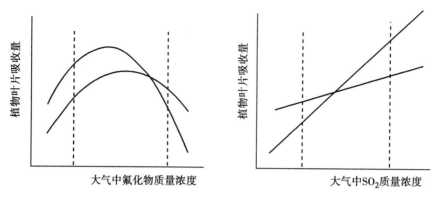

图 8-1 树木吸收大气氟化物和二氧化硫能力变化示意图

因此，必须根据当地的污染情况选择树种。为了从整体上了解树木的吸污能力，我们可以从一些特定的条件去认识，对表 8-5 中的抛物线方程求一阶导数，当导数为零时，树木吸收大气氟化物的数量达到最大，即叶内氟质量浓度最高，结果见表 8-8。由表中数据可知，针叶树种中，云杉叶片中含氟量最高，为 780.5µg/g，其次是杜松，为 680.7µg/g，圆柏最低为 480.8µg/g，油松和侧柏居中，分别 553.0µg/g 和 579.3µg/g。阔叶乔木以垂柳和旱柳最高，为 746.06µg/g 和 716.9µg/g，其次是河北杨、新疆杨、山桃，分别为 646.5、556.9、521.9µg/g，最低的是榆树和加拿大杨，为 298.8µg/g 和 310.5µg/g，白蜡、槐树、丝棉木、垂枝榆、刺槐、龙爪槐居中。如果用叶生物量与之相乘，就可以得到总吸收量，由表 8-8 可知，针叶树种中，仍以云杉最多，为 1409.4g，其次是杜松 1071.8g，侧柏最低，为 670.6g，油松和圆柏居中，为 713.4g 和 723.5g。

阔叶乔木以河北杨、新疆杨、旱柳最大，分别为 1614.6g、1068.1g 和 1002.9g，其次是加拿大杨、刺槐，分别为 710.8g 和 674.3g，最小的是垂枝榆和龙爪槐，分别为 61.4g 和 100.7g，白蜡、槐树、丝棉木、山桃、榆树、垂柳居中。花灌木中以丁香最多，为 76.3g，其次是沙地柏，为 44.6g，黄刺玫最少，为 16.7g，珍珠梅、连翘、榆叶梅居中（表 8-8）。

表 8-6 中树木吸收大气二氧化硫的回归系数，反映了树木吸收大气二氧化硫的能力大小，由表 8-8 数据可知，针叶树种中以侧柏最大，为 0.00395，其次是圆柏，为 0.000648，油松最小，为 0.000486，云杉和杜松居中，为 0.000615 和 0.000495。阔叶乔木以旱柳和垂柳最大为 0.0025 和 0.00232，其次是河北杨、丝棉木、加拿大杨，分别为 0.00145、0.00141 和 0.00122，以垂枝榆最小，为 0.00075，白蜡、槐树、刺槐、山桃、榆树、龙爪槐、新疆杨居中。花灌木以沙地柏最高，为 0.00225，

其次是珍珠梅、丁香，分别是 0.0018 和 0.00144，以连翘最小，为 0.000205，黄刺玫、榆叶梅居中。如果再乘叶总量，则针叶树种以侧柏最大，为 45.72，其次是云杉，为 11.11，油松最小，为 6.26，圆柏和杜松居中，为 1.25 和 7.80。阔叶乔木以河北杨和旱柳最大，为 36.21 和 35.39，其次是加拿大杨、丝棉木、白蜡，分别为 27.93、21.12 和 16.27，最小的是垂枝榆和龙爪槐，为 1.09 和 2.27，槐树、刺槐、山桃、榆树、垂柳、新疆杨居中。花灌木以丁香最大，为 2.79，其次是珍珠玫，为 1.61，以黄刺玫最小，为 0.07，沙地柏、连翘、榆叶梅居中。

4 小　结

（1）对大气二氧化硫污染耐性最强的树种有槐树、柽柳、榆树、玫瑰、黄刺玫、刺槐、胡枝子、丝棉木、加拿大杨、胡杨；对氟污染耐性强的树种有柽柳、榆树、沙枣、加拿大杨、胡杨、紫穗槐、丝棉木。

（2）大气中 SO_2 被树木吸收后，在针叶树种和阔叶树体种内的积累不同，新疆杨在 5 月底以前叶片中 S 含量较低，且不稳定，6~7 月相对稳定，8 月起不断增加，落叶前达最高；杜松叶在 6 月前含 S 量较高，6~8 月较低，9 月起逐渐升高。

（3）白蜡叶片吸收污染物后在叶内积累较多，向体内转移很少，仅为叶片积累量的 6.48%，侧柏则转移较多，达 24.9%。

（4）树木叶片中氟积累量在质量浓度低时，随大气氟化物浓度增高而增大，质量浓度高时随浓度增加而减少，呈二次抛物线型；叶片中 S 的积累量随大气 SO_2 浓度的增加而增大，呈直线型。

（5）在最适浓度下，针叶树云杉叶中积累氟含量最高，圆柏最低；阔叶树垂柳、旱柳最高，榆树和加拿大杨最低；花灌木沙地柏最高，丁香最低。吸收总量针叶树云杉最高，侧柏最低；阔叶树河北杨、新疆杨、旱柳最高，垂枝榆、龙爪槐最低；花灌木丁香最高，黄刺玫最低。

（6）吸收二氧化硫能力针叶树侧柏最强，油松最弱；阔叶树河北杨、旱柳最强，垂柳、龙爪槐最弱；花灌木丁香最强，黄刺玫最弱。

第9章 树木对大气污染的适应性和吸收能力与其生理特性的关系

　　树木对大气二氧化硫和氟化物污染的适应性的强弱以及吸收能力的大小取决于树木本身的生理特性，是由其自身的生理特点决定的，研究树木对大气污染的适应性和吸收能力与其生理特性的关系不仅有助于加深对这一问题的认识，而且可以依此为根据评价其他树种对大气二氧化硫、氟化物污染的适应性和吸收能力，为科学选择和配置树种提供依据。

1 研究材料与方法

　　（1）树木吸污试验：用 $300cm^3/m^3$ 的 SO_2 气体熏树木 3 年生幼苗 24h，采集树木叶片分析 S 含量变化；用 $900ml/m^3$ HF 溶液对树木枝条进行浸枝，测定叶片中 F 含量变化。

　　（2）树木叶片结构观察：取新鲜叶片做横切面显微切片，测量上下表皮栅栏组织厚度和海绵组织厚度。

　　（3）树木叶组织 pH 值测定：取新鲜叶片 50g 加石英砂迅速研磨，定溶 100ml，测定 pH 值。

　　（4）树木叶片水分饱和亏缺和相对含水量的测定：称鲜叶重后，用蒸馏水浸泡 24h，称饱和鲜重，最后烘干 8h 称干重，根据公式计算，水分饱和亏缺 ＝［（饱和鲜重 – 原始鲜重）/（饱和鲜重 – 干重）］× 100%，相对含水量 ＝1– 水分饱和亏缺。

　　（5）树木叶片保水力：在室内自然干燥（温度 25℃）环境下，取鲜叶后每隔 24h 称一次重，直至基本恒重，计算每一时刻累计失水量占总水量的百分比。

　　（6）树木叶片肉质化程度和比叶面积：取鲜叶后分别测定叶鲜重、饱和鲜重、干重及叶面积，根据公式计算：

$$叶肉质化程度 = 叶饱和含水量（g）/ 叶面积（dm）$$

$$比叶面积 = 叶面积 / 叶干重$$

（7）树木光合速率：用 Li—6200 测定。

（8）树木叶片气孔阻力：用 Li—6200 测定。

（9）树木水分利用效率：用 Li—6200 测定。

（10）膨压为零时的渗透势：取树木枝条，称饱和鲜重，装入压力室，在茎切口上端装置一个 10cm 长、直径为 0.8cm、内有干燥滤纸的聚乙烯小管，然后以 0.02~0.04MPa/min 左右的速度缓慢加压，到达一定平衡压后，维持 5min，测定压出的水量，最后取出样品测鲜重，烘干后测干重，然后计算出全过程中样品的相对水分亏缺和渗透水含量，以依次测得的各次平衡压值的倒数为纵坐标，相应的水分亏缺为横坐标，绘制 PV 曲线，在 PV 曲线中，上部曲线部分与直线部分的交接点的水势即为膨压为零时的渗透势。

（11）充分膨胀时的渗透势：把 PV 曲线的直线部分延长，与纵坐标的交点为充分膨胀时渗透势。

（12）树木共质体水（自由水）含量：把 PV 线的直线部分延长与横坐标的交点为共质体水含量。

2 结果分析

2.1 树林叶片结构与其适应性和吸污能力的关系

树木吸收大气中的二氧化硫和氟化物的主要器官是叶片。叶片的结构直接影响树木对大气污染的适应性和吸收能力。表 9-1 中列出 17 种包头市常见树木叶组织的上表皮厚度、海绵组织厚度和下表皮厚度，对这些数据与树种对二氧化硫、氟化物的抗性和吸收能力进行相关分析，结果表明，树木叶片上表皮厚度与树木对大气二氧化硫和氟化物的抗性无关，相关系数为 $\gamma_{对SO_2抗性} = 0.1458$，$\gamma_{对氟化物抗性} = 0.067$，而与树木叶片吸收大气二氧化硫和氟化物的能力呈负相关，即上表皮越厚，吸收大气污染物的能力越弱，其中上表皮厚度与树木吸收大气二氧化硫能力的相关性达到显著水平 $\gamma = 0.451$（$r_{0.05} = 0.4124$）回归方程为 $Y = 0.833 - 0.085X$，树木叶片海绵组织的厚度与树木对大气二氧化硫和氟化物的抗性无关，与吸收二氧化硫能力无关，而与吸收大气氟化物的能力相关，回归方程为 $Y = 750.373 - 30.143X$，$r = 0.460$（$r_{0.05} = 0.4124$），树木叶片下表皮的厚度与树木的抗性和吸污能力的关系与上表皮相同，与抗性无关，与吸污能力负相关，与吸收大气二氧化硫能力达到显著水平，回归方程为 $Y=0.909-0.144X$，$r=0.537$（$r_{0.05}=0.4124$）。由此可见，树木吸收大气二氧化硫和氟化物能力与树木叶片解剖结构的关系是不同的，吸收大气二氧化硫的能力大小取决于树木叶片上下表皮的厚度，刘祖祺研究发现 SO_2 不仅可以通过气孔进入叶内也可以通过角质层进入叶内并且 SO_2 通过角质层还大于 CO_2 和 O_2。而吸收大气氟化物的能力大小取决于海绵组织的厚度，由于叶肉质化程度不能准确反应栅栏组织与海绵组织的比例变化，所以与树木抗性和吸污能力之间的相关性均不显著（表9-2），树木叶比面积与树木对大气二氧化硫和氟化物的抗性的相关性显著，与吸收大气二氧硫的相关性达到显著水平，而与吸收氟化物的相关性不显著。

表9-1　树木抗污性和吸污能力与叶解剖结构

Table9-1　Relationship between pollutant-resistant capacity,
pollutant-absorbent capacity and anatomical structure of leaf

树　种	对 SO_2 抗性	对 HF 抗性	吸 SO_2 能力（%）	吸 HF 能力（mg/m^3）	上表皮（μm）	海绵组织（μm）	下表皮（μm）
丁　香	2	2	0.522	279	4.75	11.875	2.25
毛樱桃	1	2	0.860	430	3.125	8.375	2.25
柳　树	2	3		314	4.75	12.75	3.0
大叶榆	2	2		630	3.0	10.625	2.25
榆叶梅	1	1	0.800	404	2.875	6.125	1.875
河北杨	2	2	0.376	257	3.625	10.875	2.5
龙爪槐	2	2			3.25	11.625	2.25
丝棉木	3	3	0.076	257	4.76	11.625	3.875
新疆杨	2	2	0.311	740	1.175	3.65	1.025
加拿大杨	3	3	0.427	530	5.875	11.225	4.0
小叶杨	2	1	0.214	520	5.75	10.0	4.125
槐　树	3	2	0.532	217	3.125	12.375	2.375
榆　树	3	3	0.863	548	1.85	5.4	1.3
白　桦	2	2		720	3.75	11.375	2.95
皂　荚	2	2	0.431		2.9	11.375	2.45
白　蜡	2	2	0.600	280	3.7	11.25	2.925
紫穗槐	3	3	0.873	645	3.075	11.25	2.375

注:对 SO_2 抗性、对 HF 抗性为相对指标,1 为最弱,3 为最强(下同)。

表9-2 树木抗性和吸污能力与叶肉质化程度和比叶面积
Table9-2 Relationship between pollutant-resistant capacity，
pollutant-absorbent capacity and succulent degree and specific area of leaf

树 种	对 SO_2 抗性	对 HF 抗性	吸 SO_2 能力（%）	吸 HF 能力（mg/m^3）	叶肉质化程度	比叶面积
丁 香	2	2	0.522	279	0.3849	9.1996
毛樱桃	1	2	0.860	430	0.4251	7.3529
柳 树	2	3		314	0.4816	6.658
大叶榆	2	2		630	0.3601	6.8013
榆叶梅	1	1	0.800	404	0.3085	8.7719
河北杨	2	2	0.376	257	0.2636	6.6401
龙爪槐	2	2			0.307	6.6711
丝棉木	3	3	0.076	257	0.4141	5.2854
新疆杨	2	2	0.311	740	0.3604	7.0126
加拿大杨	3	3	0.427	530	0.3454	7.3801
小叶杨	2	1	0.214	520	0.2666	7.7160
槐 树	3	2	0.532	217	0.4513	6.2189
榆 树	3	3	0.883	548	0.2915	10.2986
白 桦	2	2		720	0.4176	5.1787
皂 荚	2	2	0.431		0.3201	7.2886
白 蜡	2	2	0.600	280	0.2755	8.8106
紫穗槐	3	3	0.873	645	0.2746	8.4317

2.2 树木叶组织pH值与树木抗性和吸污能力的关系

对 17 种包头常见阔叶落叶树种叶组织 pH 值测定结果与树木对大气二氧化硫和氟化物抗性吸收能力（表 9-3）进行相关分析，结果表明，树木叶组织的 pH 值与树木对大气二氧化硫的抗性和吸收能力相关密切，树木对大气二氧化硫的抗性与叶组织 pH 值呈正相关，即叶组织 pH 值越高，抗性越强，回归方程为 $Y=0.725X-2.227$，$r=0.520$（$r_{0.05}=0.4124$）。余叔文发现 SO_2 溶于水中时主要形成 SO_3^{2-} 和 HSO_3^- 两种离子和不解离的 H_2SO_3，这三种存在形式的多寡取决于介质的 pH 值，pH 值 <1 时，存在形式以 H_2SO_3 分子为主，pH 值为 6~8 时，主要以

SO_3^{2-} 为主，pH 值在 2~5 时，以 HSO_3^- 为主，三者以 HSO_3^- 的毒性最大，是 SO_3^{2-} 的 30 倍，H_2SO_3 毒性最小。树木对大气二氧化硫的吸收能力则与叶组织的 pH 值呈负相关，即叶组织 pH 值越高，吸收能力越弱，回归方程为 $Y=1983-0\ 241X$，$r=0.453$（$r_{0.05}=0.4124$），这表明树种对大气二氧化硫的抗性和吸收能力是两个十分复杂的生理过程，叶组织的 pH 值不是决定树木对大气二氧化硫抗性和吸收能力的唯一因子，还有其他生理指标在综合起作用。郑美珠认为植物抗性能力的大小不仅与 pH 值大小有关，还与等电点的高低、耐酸力的大小有关。结果还表明，树木叶组织的 pH 值与树木对大气氟化物的抗性和吸收能力无关。

表9-3　树木抗性和吸污能力与叶组织pH值

Table 9-3　Relationship between pollutant-resistant capacity，
pollutant-absorbent capacity and PH value of leaf tissue

树　　种	对 SO_2 抗性	对 HF 抗性	吸 SO_2 能力（%）	吸 HF 能力（mg/m^3）	pH 值
丁　香	2	2	0.522	279	5.83
毛樱桃	1	2	0.860	430	5.35
柳　树	2	3		314	6.36
大叶榆	2	2		630	6.55
榆叶梅	1	1	0.800	404	5.14
河北杨	2	2	0.376	257	6.40
龙爪槐	2	2			5.74
丝棉木	3	3	0.076	257	6.32
新疆杨	2	2	0.311	740	6.63
加拿大杨	3	3	0.427	530	5.86
小叶杨	2	1	0.214	520	6.44
槐　树	3	2	0.532	217	6.53
榆　树	3	3	0.863	548	6.11
白　桦	2	2		720	6.22
毛　角	2	2	0.431		5.36
白　蜡	2	2	0.600	280	6.15
紫穗槐	3	3	0.873	645	6.32

2.3　树木对大气污染的抗性和吸收能力与树种生理代谢活动的关系

树木对大气二氧化硫和氟化物污染的适应和吸收是一个十分复杂的生理过程，是与树木的各种正常的生理代谢和光合作用、呼吸作用、水分代谢、气孔调节密不可分的。对表9-4中的各项生理指标与树木对大气二氧化硫和氟化物污染的适应性和吸收能力进行相关分析，结果表明。树木的净光合速率与树木吸收大气二氧化硫的能力呈正相关，回归方程为 $Y=0.07731+0.0394X$，$r=0.714$（$r_{0.05}=0.5822$），而与树木对大气污染的抗性和吸收大气氟化物的能力无关。

表9-4 树木抗性和吸污能力与生理代谢

Table 9-4 Relationship between pollutant-resistant capacity, pollutantabsorbent capacity and physiological mechanism of tree

树 种	对 SO_2 抗性	对 HF 抗性	吸 SO_2 能力 (%)	吸 HF 能力 (mg/m^3)	光合作用 [$\mu mol/(s \cdot m^2)$]	呼吸作用 [$\mu mol/(s \cdot m^2)$]	气孔阻力 (s/cm)	水分利用效率 ($\mu molCO_2/molH_2O$)
丁 香	2	2	0.522	279	11.87	3.102	0.644	700.4
毛樱桃	1	2	0.860	430	13.14		1.029	963.7
复叶槭	2	2	0.200		5.197	2.638	0.8764	387.3
箭杆杨	2	2		425	5.530	1.437	1.680	708.7
丝棉木	3	3	0.076	257	4.393	2.617	0.472	416.4
新疆杨	2	2	0.311	740	2.579	10.73	0.447	125.9
加拿大杨	3	3	0.427	530	16.51	1.375	0.362	987.3
榆 树	3	3	0.863	542	13.72	3.939	0.417	827.4
白 蜡	2	2	0.006	230	14.09	3.867	0.559	638.3

树木的呼吸强度则与树木吸收大气氟化物的能力呈正相关，回归方程为 $Y=253.97+44.077X$，$r=0.739$（$r_{0.05}=0.5822$），而与树木对大气污染的抗性和吸收大气二氧化硫能力无关。由此可见，树木对大气二氧化硫的吸收与树木的光合作用直接相关，光合速率越大，生命力越强，吸收大气二氧化硫的能力越强：而树木对大气氟化物的吸收能力与树木呼吸作用相关，氟的化学性质很强，游离状态很少，多以氟化氢、四氟化硅等化合物形式存在于气中，而这些化合物有些是植物呼吸的抑制剂，因此，呼吸作用强则吸收氟化物的能力也强，树木的气孔阻力的大小与树木对大气二氧化硫和氟化物的抗性密切相关，呈负相关，而与吸收能力之间则相关不显著。树木水分利用率的高低则与树木吸收大气二氧化硫的能力呈正相关，回归方程为 $Y=0.1270+5.865X$，$r=0.595$（$r_{0.05}=0.5822$），而与树木对大气污染的抗性和吸收大气氟化物的能力无关。

2.4 树木抗性和吸污能力与水分参数的关系

水是树木一切代谢活动的媒介和不可缺少的物质，许多学者指出，树木的水分参数与树木对大气污染的抗性和吸收能力有密切关系。在该项实验中研究了二十几种植物的叶水分饱和亏缺、保水力、膨压为零时的渗透势、充分膨胀时的渗透势和自由水含量，见表9-4、表9-5，把这些数据与树木对大气二氧化硫和氟化物污染的抗性和吸收能力进行了相关分析，结果表明，树木叶片水分饱和亏缺与树木的吸污能力正相关，与吸收二氧化硫能力之间相关性达到显著水平，回归方程为 $Y=0.157X+0.174$，$r=0.504$（$r_{0.05}=0.4124$），而与树木对大气污染的抗性无关。树木的保水力与树木的抗性和吸污能力（表9-6）均不相关，树木膨压为零时的渗透势是树木耐旱能力的主要指标，它与树木吸收大气二氧化硫呈正相关，达到显著水平，回归方程为 $Y=0.315X-0.324$，$r=0.649$（$r_{0.05}=0.5822$），与抗性和吸收大气氟化物能力相关不显著，树木充分膨胀时的渗透势与树木的抗性和吸污能力之间没有相关性，树木自由水（非共质水）含量则与树木吸收大气二氧化硫能力之间显著相关，呈正相关，回归方程为 $Y=0.12X-0.223$，$r=0.737$（$r_{0.05}=0.5822$），与树木的抗性和对氟化物的吸收能力无关。

表9-5　树木抗性和吸污能力与叶水分饱和亏缺

Table 9-5　Relationship between pollutant-resistant capacity，pollutant-absorbent capacity and water deficit of leaf

树　种	对 SO_2 抗性	对 HF 抗性	吸 SO_2 能力（%）	吸 HF 能力（mg/m³）	饱和亏缺（%）
丁　香	2	2	0.522	279	10.58
毛樱桃	1	2	0.860	430	32.00
柳　树	2	3		314	23.66
大叶榆	2	2		630	31.52
榆叶梅	1	1	0.800	404	28.26
河北杨	2	2	0.376	257	14.29
龙爪穗	2	2			13.75
丝棉木	3	3	0.076	257	22.22
新疆杨	2	2	0.311	740	29.67
加拿大杨	3	3	0.427	530	12.88
小叶杨	2	1	0.214	520	9.72
槐　树	3	2	0.582	217	20.69
榆　树	3	3	0.863	548	22.22
白　桦	2	2		720	21.25
皂　荚	2	2	0.431		23.81
白　蜡	2	2	0.600	280	23.53
紫穗槐	3	3	0.873	645	29.55

表9-6　树木抗性和吸污能力与叶片保水力

Table 9-6　Relationship between pollutant-resistant capacity,
pollutant-absorbent capacity and water-persistent capacities of tree leaves

树　　种	对 SO_2 抗性	对 HF 抗性	吸 SO_2 能力（%）	吸 HF 能力（mg/m^3）	保水力（%）
丁　　香	2	2	0.522	279	0.648
毛樱桃	1	2	0.860	430	0.582
柳　　树	2	3		314	0.669
大叶榆	2	2		630	0.547
榆叶梅	1	1	0.800	404	0.525
河北梅	2	2	0.376	257	0.514
龙爪槐	2	2			0.590
丝棉木	3	3	0.076	257	0.562
新疆杨	2	2	0.311	740	0.543
加拿大杨	3	3	0.427	530	0.586
小叶杨	2	1	0.214	520	0.566
槐　　树	5	2	0.532	217	0.594
榆　　树	3	3	0.863	548	0.581
白　　桦	2	2		720	0.658
皂　　荚	2	2	0.431		0.603
白　　蜡	2	2	0.600	280	0.463
紫穗槐	3	3	0.873	645	0.577

表9-7　树木抗性和吸污能力与水分参数

Table 9-7　Relationship between pollutant-resistant capacity，
pollutant-absorbent capacity and water parameters of tree leaves

树　种	对 SO₂ 抗性	对 HF 抗性	吸 SO₂ 能力(%)	吸 HF 能力 (mg/m³)	膨压为零时的 渗透势（–MPa）	充分膨胀 时的渗透 势（MPa）	自由水 含量(%)
新疆杨	2	2	0.311	740	2.703	1.075	31.85
玫　瑰	3	2	0.133		1.587	1.266	41.58
复叶槭	2	2	0.200		1.739	1.003	62.31
白　蜡	2	2		280	1.818	1.786	5.60
黄刺玫	3	3	0.129	678	1.802	1.770	40.65
垂　柳	2	3		314	2.469	1.587	63.00
丁　香	2	2	0.522	279	2.857	2.000	71.84
槐　树	3	2	0.532	217	2.222	1.565	62.64
丝棉木	3	3	0.776	257	2.857	1.724	71.87
皂　荚	2	2	0.431	200	2.857	1.587	52.50
榆　树	3	2	0.863	548	2.500	1.031	74.62
加拿大杨	3	3	0.427	530	2.357	1.650	40.95

2.5 综合模型

将叶上表皮栅栏组织厚度（X_1）、海绵组织厚度（X_2）、叶下表皮栅栏组织厚度（X_3）、叶肉质化程度（X_4）、比叶面积（X_5）、叶组织 pH 值（X_6）、净光合速率（X_7）、呼吸速率（X_8）、气孔阻力（X_9）、水分饱和亏缺（X_{10}）、保水力（X_{11}）、膨压为零肘渗透势（X_{12}）、充分膨胀时渗透势（X_{13}）、自由水含量（X_{14}）、树木对 SO₂ 的抗性（Y_1）、树木对氟化物的抗性（Y_2）、树木对 SO₂ 的吸收能力（Y_3）、树木对氟化物的吸收能力（Y_4）进行多对多相关分析，相关矩阵见表9-8,显著情况见表9-9,为进一步量化它们之间的关系，用逐步回归方法建立模型为：

表9-8　树种抗污吸污特性与其生理指标的相关矩阵

Table9-8　Correlation matrix between tree physiological indices and ability of resisting pollution

	X_1	X_2	X_3	X_4	X_5	X_6	X_7	X_8	X_9	X_{10}	X_{11}	X_{12}	X_{13}	X_{14}	Y_1	Y_2	Y_3	Y_4
X_1	1.00	0.03	0.62	0.66	0.74	0.64	0.62	0.47	0.58	0.32	0.14	0.83	0.95	0.84	0.20	0.20	0.27	0.84
X_2	0.08	1.00	0.45	0.36	0.43	0.37	0.001	0.05	0.24	0.51	0.04	0.10	0.01	0.06	0.50	0.50	0.01	0.14
X_3	0.62	0.45	1.00	0.12	0.54	0.11	0.31	0.08	0.07	0.47	0.62	0.48	0.50	0.54	0.45	0.45	0.72	0.26
X_4	0.66	0.36	0.12	1.00	0.65	0.67	0.23	0.82	0.93	0.22	0.22	0.79	0.68	0.66	0.16	0.16	0.13	0.42
X_5	0.74	0.43	0.54	0.65	1.00	0.44	0.21	0.74	0.68	0.12	0.04	0.77	0.75	0.71	0.16	0.16	0.01	0.41
X_6	0.64	0.37	0.11	0.67	0.44	1.00	0.19	0.73	0.76	0.02	0.14	0.73	0.79	0.73	0.46	0.46	0.14	0.79
X_7	0.62	0.001	0.31	0.23	0.21	-0.19	1.00	0.07	0.21	0.12	0.26	0.11	0.41	0.13	0.71	0.71	0.05	0.64
X_8	0.47	0.05	0.08	0.82	0.74	0.73	0.07	1.00	0.93	0.25	0.36	0.71	0.60	0.59	0.35	0.35	0.39	0.32
X_9	0.58	0.24	0.07	0.93	0.68	0.76	0.21	0.93	1.00	0.10	0.45	0.70	0.64	0.57	0.19	0.19	0.40	0.45
X_{10}	0.32	0.51	0.47	0.22	0.12	0.02	0.12	0.25	0.10	1.00	0.69	0.35	0.25	0.40	0.10	0.10	0.80	0.17
X_{11}	0.14	0.04	0.62	0.22	0.04	0.14	0.26	0.36	0.45	0.69	1.00	0.28	0.19	0.41	0.20	0.20	0.97	0.03
X_{12}	0.83	0.10	0.48	0.79	0.77	0.73	0.11	0.71	0.70	0.35	0.28	1.00	0.92	0.97	0.28	0.28	0.31	0.62
X_{13}	0.95	0.01	0.50	0.68	0.75	0.78	0.41	0.60	0.64	0.25	-0.19	0.92	1.00	0.94	0.07	0.07	0.25	0.85
X_{14}	0.84	0.06	0.54	-0.68	0.71	0.73	0.13	0.59	0.57	0.40	0.41	0.97	0.94	1.00	0.28	0.28	0.43	0.69
Y_1	0.20	0.50	0.45	0.16	0.16	0.46	0.71	0.35	0.19	0.10	0.20	0.28	0.07	0.28	1.00	1.00	0.04	0.03
Y_2	0.20	0.50	0.45	0.15	0.15	0.45	0.71	0.35	0.15	0.10	0.20	0.28	0.07	0.28	1.00	1.00	0.04	0.03
Y_3	0.27	0.01	0.72	0.13	0.14	0.14	0.05	0.39	0.40	0.80	0.97	0.31	0.25	0.43	0.04	0.04	1.00	0.12
Y_4	0.84	0.14	0.26	0.42	0.79	0.79	0.64	0.32	0.45	0.17	0.03	0.62	0.85	0.69	0.03	0.03	0.12	1.00

表9-9　树木抗性和吸污能力与生理特性相关性

Table 9-9　Relationship between pollution-resistant ability，

pollutant-rabsorbability and physiological characteristics of tree

	Y_1	Y_2	Y_3	Y_4
X_1			+	+
X_2				+
X_3			+	
X_4				
X_5			+	
X_6	+		+	
X_7			+	
X_8				+
X_9	+	+		
X_{10}			+	+
X_{11}				
X_{12}			+	
X_{13}				
X_{14}			+	

树木对大气氟化物污染的抗性：

$Y_2=2.789-0.631X_9$　$r=-0.537$

树木对大气二氧化硫污染的抗性相关矩阵

X_6	X_9	Y_1
1.000	0.7358	0.4700
0.7358	1.0000	0.8778
0.4700	0.8778	1.0000

$Y=8.758-0.7118X_6-3.8759X_9$

$r_6=-0.542$

$r_9=-0.890$

$R=0.915$

树木对大气氟化物污染吸收能力相关矩阵

X_1	X_2	X_8	X_{10}	X_4
1.0000	0.7391	0.7978	0.6433	0.7996
0.7391	1.0000	0.9228	0.8126	0.6370
0.7978	0.9228	1.0000	0.6657	0.8693
0.6483	0.8126	0.6657	1.0000	0.3698
0.7996	0.6370	0.8693	0.3698	1.0000

$Y=726.80+19.170X_8+120.198X_{10}-98.503X_1$

$r_8=0.787$

$r_{10}=0.933$

$r_1=-0.961$

$R=0.98609$

树木对大气二氧化硫污染的吸收能力相关矩阵

X_1	X_3	X_5	X_6	X_7	X_{10}	X_{12}	X_{14}	Y_3
1.0000	−0.6307	−0.3072	−0.1062	0.4448	0.3232	0.3246	−0.8475	0.6741
−0.6307	1.0000	−0.3907	−0.3645	−0.7915	−0.6666	0.4096	0.9370	−0.1305
−0.3072	−0.3907	1.0000	0.6868	0.2746	0.2183	−0.2919	−0.0978	−0.4712
−0.1062	−0.3645	0.6868	1.0000	0.1029	0.0667	−0.4949	−0.2463	−0.0084
0.4448	−0.7915	0.2746	0.1029	1.0000	0.9794	0.3021	−0.7040	−0.3188
0.3232	−0.6666	0.2183	0.0667	0.9794	1.0000	0.2396	−0.5755	−0.4358
0.3246	−0.4096	−0.2919	−0.4949	0.3021	0.2396	1.0000	−0.4046	0.1299
−0.8475	0.9370	−0.0978	−0.2463	−0.7040	−0.5755	−0.4046	1.0000	−0.4087
0.6741	−0.1305	−0.4712	−0.0084	−0.3188	−0.4358	0.1299	−0.4087	1.0000

$Y=0.7706+0.0398X_7-0.1939X_{12}+0.00311X_{14}-0.1381X_3$

$r_7=0.986$

$r_{12}=-0.846$

$r_{14}=0.890$

$r_{13}=-0.979$

$R=0.993$

3 小　结

（1）树木对大气氟污染的抗性强弱与树种的气孔总传导度呈负相关关系，对大气二氧化硫污染的抗性与气孔总传导度叶组织 pH 值呈负相关关系。

（2）树木对氟化物的吸收能力与叶片上表皮厚度、栅栏组织厚度、海绵组织厚度、呼吸强度和水分饱和亏缺相关，对二氧化硫的吸收能力与叶上、下表皮厚度、栅栏组织厚度、比叶面积、叶组织 pH 值、净光合速率、水分饱和亏缺、膨压为零时的渗透势和非共质水含量相关。

第10章　城市环境保护林的
树种规划与配置

　　营造环境保护林的主要目的是改善城市的生态环境、净化大气、防风固沙、降暑增湿，并起到美化生活环境，增进居民身心健康的作用。因此，城市环境保护林树种选择必然要求树种有较强的吸污能力，要根据树种在不同环境中吸污能力的变化规律，计算各树种在该大气污染条件下的吸收能力，以吸污能力的大小作为树种选择的依据。

　　树木的正常生长发育是树木发挥各种生态功能的前提，吸污能力再强，不能成活也发挥不了作用。根据包头的自然特点，树种的耐旱性高低，是树木能否成活的主导因子，因此必须以树木的耐旱性为依据，剔除吸污能力强的树种中不耐旱的树种，然后根据营造环境保护林所在地的环境质量状况，以树种对污染的抗性强弱，剔除抗性较弱、在该种环境条件下不能正常生长的树种，以保证所选择的树种能正常生长发育。

　　城市环境保护林的营造是一项社会经济活动，树种的选择与规划还必须考虑社会经济条件，如造林成本、造林地面积、养护管理、景观效果等，因此必须考虑投入产出比例，最后确定树种比例和配置模式。

1 研究路线和方法

　　树种规划涉及的范围十分广泛（图 10-1），做好这项工作必须大量吸收前人的研究成果，如树木对土壤理化性质的适应性，树木对土壤干旱的耐旱性，对低温的耐寒性，对旱春生理干旱的反应等，已有大量的文献报道，可直接用于树种规划。

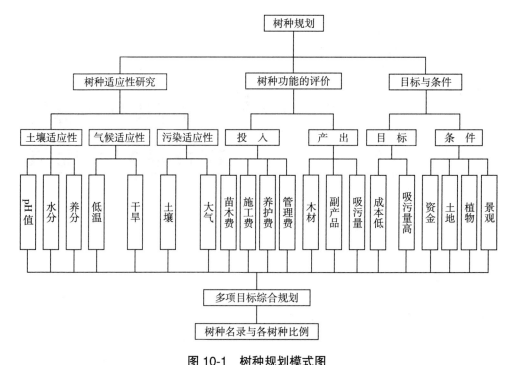

图 10-1   树种规划模式图

Figure 10-1   The model of tree-species planning

1.1 树木环境保护价值的计算

1.1.1 树木除尘效益

1hm^2 林木平均每年可滞留尘土 10.8t（1.08kg/m^2），环境卫生部门除尘费用为 80.68 元 /t（贺振，1989），则树木除尘效益为：CC= 树木单株占地面积 ×1.08×0.08068× 树木轮伐期。

1.1.2 树木涵养水源的效益

林地内降水有 75% 可被土壤蓄积（李嘉乐，1989），则效益为：XS= 降雨量（mm）× 树木单株占地面积 × 水价（元 /m^3）×75%× 树木轮伐期。

1.1.3 树木调温效益

一株树每年调温效果约等于 1.05×10^{6}J，折合电价为 30 元（贺振，1989），而树木的降温只有高温季节才有价值，故加修正系数 5%，则一株树的调温效益为 JW=30×5%× 树木轮伐期。

1.1.4 树木吸收污染物的效益

（1）树木叶片中吸收有毒物质的含量：把建立环境卫生林所在地的大气 SO$_2$、

XF 浓度代入吸污能力方程，得到叶片中有害物质的含量，与无污染相同条件下树木叶片含量比较，差值为吸污量 H。

（2）树木吸收有害物质后向体内其他器官转移系数 Z：针叶树为 24.90%，阔叶树为 6.48%。

（3）树木在轮伐期内叶总量的估算：用平均标准枝法测定各径阶树木的叶量，建立生长方程 $Y=aDb$，测量已伐大树根桩年轮，计算各年叶量之和 Y。

（4）树木吸收有毒气体的效益：以排放每千克污染物造成的损失计算，据瑞典科学家计算，硫为 0.54 元 /kg，氟为 10 元 /kg（贺振，1989），当污染超过国家标准时，加系数 $F=10$，不超标时 $F=1$，则效益 $K=Y（Z+1）FH$。

1.2 数学模型

在规划城市环境保护林时，为了在资金有限、用地面积有限的条件下获得最高的经济效益，我们建立了以各树种的种植株数为决策变量的基本线性数学模型：

$$\max y=\sum c_i x_i$$

$$约束：\sum S_i x_i \leq A \qquad （1）$$

$$\sum G_i x_i \leq B \qquad （2）$$

$$\sum D_i x_i \leq E \qquad （3）$$

$$x_i \geq 0, \quad i=1, 2, \cdots, n$$

式中：c_i 为种植一株第 i 树种可获得的经济效益；x_i 为第 i 树种的种植株数；$y=C_1 x_1+C_2 x_2+\cdots+C_n x_n$ 是总的经济效益线性规划的目标函数；S_i 为一株第 i 树种的种植费用；G_i 为一株第 i 树种的养护费用；D_i 为一株第 i 树种使用土地面积；A 为建保护林一次性投资总数（不包括平时养护费）；B 为环境保护林的养护费；E 为环境保护林面积。

模型中 3 个约束条件的技术系数 S_i，G_i 和 D_i 全都是正数。如果删去 $c_i \leq 0$ 的树种后（即无利可图的树种），那么目标函数的系数 c_i 也是正数。可见上述线性规划模型是一个系数全为正数的模型。

1.2.1 目标函数

目标函数中 x_i 的系数 c_i，即第 i 树种的综合经济收益，应由下列 5 方面构成：①吸收空气中各种污染物所获得的经济效益，②除尘、涵养水源及调温效益，③生产的木材价值，④种植费用，⑤平时养护费，系数 c_i 可表示为

$$c_i=\sum_{j=1}^{m} K_{ij}+CC_i+XS_i+JW_i+V_i P_i-S_i-G_i$$

式中，i 为树种编号，j 为污染物编号，m 为污染物数目，V_i 为第 i 种单株材积（m^3），P_i 为第 i 树种木材单价（元 /m^3），S_i 和 G_i 同前。

c_i 的计算有两种，一是用原始数据直接进行计算，二是将树林的环境保护价值和生产的木材价值进行贴现（一般以单利的形式计算），然后再进行计算，由于针叶树成本高，生长周期长，虽然环境保护的价值很高，但计算贴现值后，其综合效益往往不如阔叶乔木，因此计算贴现值时一般阔叶乔木比例较大，不计算贴现值时，则针叶树比例较大。

如计算出的 c_i 也不宜计算，因为求的是 max y，对应的 x_i 总是等于零，如同数学模型中没有这些变量 c_i，没有这些树种一样，于是我们可认为所有 c_i 皆大于 0，函数 y 为所有 x_i 的增函数。

1.2.2 约束条件

基本线性规划模型中的 3 个约束条件（1），（2），（3）中，所有的技术系数 S_i、G_i 和 D_i 皆为正数。各变量 x_i 的增加，受种植费、养护费和土地面积的限制，这些限制往往不那么平衡。有时土地有余而资金不足，有时正相反，这种不平衡是难免的，有的不平衡，如种植费多、用不完，而养护费少、不能增加 x_i 的值，是可以避免的。为此我们可将约束条件改为

$$(S_1+G_1) x_1+ (S_2+G_2) x_2+\cdots+ (S_n+G_n) x_n \leqslant A+B$$

后面我们仍称带约束条件（1），（2）和（3）的模型为基本模型。

为了达到下列各种目标，增加一些约束条件。

将树种分为 I~IV 4 种类型，I:阔叶乔木，II: 针叶乔木，III:阔叶灌木，IV:针叶灌木。为了保证景观的季相变化，约束条件为：

$$\text{I} \leqslant 70\% \ (\text{I}+\text{II}) \tag{4}$$

$$\text{II} \leqslant 70\% \ (\text{I}+\text{II}) \tag{5}$$

为了保证景观的层次结构，约束条件为：

$$\text{III} \leqslant 70\% \ (\text{III}+\text{IV}) \tag{6}$$

$$\text{IV} \leqslant 70\% \ (\text{III}+\text{IV}) \tag{7}$$

$$\text{I} \leqslant 70\% \ (\text{I}+\text{III}) \tag{8}$$

$$\text{III} \leqslant 70\% \ (\text{I}+\text{III}) \tag{9}$$

$$\text{II} \leqslant 70\% \ (\text{II}+\text{IV}) \tag{10}$$

$$\text{IV} \leqslant 70\% \ (\text{II}+\text{IV}) \tag{11}$$

基本线性规划模型 AA 由目标函数与（1）~（11）11 个约束条件构成。

如果某一模型算出的结果没有某一树种 i，你又希望 i 树种至少有 10 株，那么就在该模型的基础上追加约束条件：$x_i \geqslant 10$。

如果算出的结果树种少，你希望增加树种，但是不知道增加哪一种好，那么你可以在已选中的树种中找一个 c_i 最小的树种 i，限制它的株数比原来算出的少 10 株 20 株，即追加约束条件：$x_i \leqslant$ 原模型算出的株数 −10，也可以限制已选中的

阔叶树种的株数不大于所有阔叶树种总数的95%，对针叶树种、灌木树种也可加类似限制。

树木的耐旱性是树种选择的重要约束条件，由第五章可以看出，包头市的自然降水不能满足树木生长发育的需要，许多树木生长受到抑制，如果所建环境保护林不靠近河流，无城市雨水汇集，也无污水浇灌的条件，必须选择耐旱性强的树种，不耐旱的树种要作为约束条件删除，再选择次优树种，保证所选择的树种能成活，正常生长。

与树木的耐旱性一样，树木对污染的适应性也是重要约束条件，要根据建立环境保护林所在地的污染程度，按环保局划定的标准，重度污染区要选择抗性强和较强的树种，抗性弱或较弱的要予以剔除，中度污染区树种可以扩大到抗性中等的树种，但最弱的树种要予以剔除，轻度污染区则要个别剔除一些比较敏感的树种，大多都可以进入树种选择程序。

2 规划应用实例

以包头钢铁稀土总公司耐火材料厂为例。

2.1 土壤条件

黄河冲积故道上发育的厚层沙壤土，pH值8.6，土壤含水量为4.1%~12%，水解氮含量为4.8mg/100g，速效磷含量为7.6mg/100g，速效钾含量为28.5mg/100g。

2.2 气候条件

属典型的大陆性气候。其特点是：冬季寒冷、漫长，夏季炎热、短促，温差大，多干旱，日照长，蒸发大，无霜期短。冬季受蒙古高气压的影响，多为北风、西北风，天气寒冷；同时伴有强度不同的冷空气侵入，风力达到6~7级，温度下降有时可达6~8℃，夏季受蒙古低气压和柴达木低气压影响，多为东风，较易形成降雨天气。冬季寒长为120~151d，极端最低温度–31℃，夏季炎热短促为41~92d，极端最高温度38.4℃。气温变化大，地区温差明显，全年超过10℃的有效积温为2965℃。春旱严重，雨量少而集中。7、8月降水量为全年总量的50%左右。蒸发量2100mm，日照长，全年为2900~3320h，无霜期短。

2.3 环境条件

环境条件为：煤烟型SO_2污染，兼有氟化物污染，SO_2浓度为337cm³/m³，氟化物浓度为101.87ml/m³。

2.4 约束条件

a. 厂区可绿化用地：100000m²。

b. 绿化费投入：300000 元。

c. 植物材料：根据前人研究的结果适应该厂土壤、气候条件和环境污染的树种有 24 种，即针叶树有圆柏、油松、侧柏、杜松、云杉、沙地柏；落叶乔木有加拿大杨、垂枝榆、刺槐、榆树、垂柳、新疆杨、白蜡、旱柳、河北杨、槐树、丝棉木；小乔木有丁香、山桃、龙爪槐、黄太平；灌木有珍珠梅、黄刺玫、连翘。

d. 景观要求：

① 树种选择结果必须有 5 个树种以上。

② 针叶树种和阔叶树种的比例必须保证 30% 以上，以保证景观的季相变化。

③ 乔灌木的比例均须保证 30% 以上，以保证层次。

2.5 基本条件

各树种苗木费、养护管理费、木材产量、木材单价、占地面积等见表 10-1。

2.6 树木的环境保护效益评价

从表 10-1 数据中可以看出，各树种的环境保护效益差别极大，总体上看针叶乔木由于寿命较长，各项环境保护效益指标均较高，尤以云杉的效益最好，达 1373.75 元 / 株，其次为杜松，为 703.0 元 / 株，圆柏、油松、侧柏则相差不大，在 630 元 / 株左右。阔叶乔虽然寿命相对较短，但由于生长迅速，生物量大，各项环境保护效益指标之和也很可观，以河北杨最高达 502.1 元 / 株，其次为旱柳和新疆杨，分别为 369.94 元 / 株和 350.33/ 株，刺槐、加拿大杨、丝棉木、槐树、白蜡居中，为 250 元 / 株左右，而龙爪槐、垂柳、榆树的效益相对较小，在 150~180 元 / 株之间。灌木由于体量小，寿命短，环境保护效益也就很小，以连翘最高为 95.89 元 / 株，珍珠梅最小，为 31.28 元 / 株。由此看出树种选择是十分重要的，效益最好的云杉与最差的珍珠梅两者相差 40 倍，而针叶树之间，云杉也是油松的 2 倍，阔叶树河北杨是榆树的 3 倍多，合理确定各树种的比例，对充分发挥树木保护环境的作用，最大限度改善城市生态环境十分重要。

表10-1 各树种的单株各项效益

Table10-1 Benefits of different tree species in basis of individual 单位：元/株

树种	除尘	涵养水源	隆温	吸污	木材价值	造林费	养护费	综合
丁香	8.8	6.75	15.0	23.61	60.00	15.00	1.00	98.16
加拿大杨	52.8	40.5	45.0	134.54	319.74	15.00	1.00	576.58
垂枝榆	52.8	40.5	45.5	13.14	145.20	30.00	10.00	257.14
侧柏	52.8	135.0	150.0	161.95	1329.00	50.00	20.00	1746.95
圆柏	176.0	135.0	150.0	174.06	1329.00	120.00	20.00	1824.06
油松	176.0	135.0	150.0	164.75	1329.00	50.00	20.00	1884.75
珍珠梅	8.8	6.75	15.0	0.73	3.00	5.00	1.00	18.18
刺槐	52.8	40.5	45.5	143.55	461.40	12.00	5.00	726.75
杜松	176.0	135.0	150.0	241.00	1329.00	120.00	20.00	1892.75
山桃	52.8	40.0	45.0	27.63	60.00	15.00	5.00	205.43
榆树	52.8	40.0	45.0	41.81	385.20	12.00	5.00	547.81
云杉	176.0	135.0	150.0	912.75	1529.00	180.00	20.00	2702.75
龙爪槐	52.8	40.0	45.0	12.87	1452.00	45.00	10.00	240.87
垂柳	52.8	40.5	45.0	38.57	385.20	20.00	10.00	532.07
新疆杨	52.8	40.5	15.0	212.03	815.70	12.00	5.00	1119.03
黄刺玫	8.8	6.75	15.0	36.34	0.06	5.00	1.00	61.32
连翘	8.8	6.75	15.0	65.34	0.06	5.00	1.00	89.95
黄太平	52.8	40.65	45.5	8.44	60.00	20.00	10.00	177.24
沙地柏	8.8	6.75	15.0	138.09	0.06	10.00	1.00	157.70
白蜡	52.8	40.5	45.0	100.29	513.60	30.00	5.00	717.19
旱柳	52.8	40.5	45.0	231.64	513.60	30.60	5.00	848.54
河北杨	52.8	40.0	45.0	363.80	400.44	15.00	5.00	882.04
槐树	52.8	40.5	45.0	117.45	265.20	30.00	5.00	482.95
丝棉木	52.8	40.5	45.9	121.88	325.20	35.00	5.00	546.18

2.7 树种规划

2.7.1 计算贴现率的树种规划

贴现率为 7.49%，一年期存款利率，先建立基本线性规划模型（AA），模型中系数 c_i 是对表 10-1 中数据贴现后计算所得。

$$\max y=19.6x_1+166.50x_2+\cdots140.56x_{24}$$

$$\text{s.t} 15x_1+12x_2+\cdots35x_{24}\leqslant300000$$

$$25x_1+22x_2+\cdots45x_{24}\leqslant310000$$

$$20x_1+20x_2+\cdots20x_{24}\leqslant10000$$

模型中的系数见表 10-1。

经自行研制的软件计算得最优触（方案）

$$\max y=1225369 \text{ 元经济效益}$$

$$x_6（油松）=1235 \text{ 株}$$

$$x_{15}（新疆杨）=28824 \text{ 株}$$

$$x_{17}（连翘）=1235 \text{ 株}$$

$$x_{19}（沙地柏）=529 \text{ 株}$$

$$\text{其他 } x_i=0$$

$$S_1=191435 \text{ 元种植费的余额}$$

$$S_2=160552 \text{ 元总费用的余额}$$

$$S_3=0 \text{ 土地的剩余面积}$$

A、B、C、D 各被选一种：新疆杨、油松、连翘、沙地柏，如要多选些树种可加下面的条件：

$$x_{15}\leqslant95\%（A \text{ 树种}）$$

$$x_6\leqslant95\%（B \text{ 树种}）$$

$$x_{17}\leqslant95\%（C \text{ 树种}）$$

得模型 AA_1 的最优解为

$$x_6（油松）=1173 \text{ 株}$$

$$x_4（侧柏）=62 \text{ 株}$$

$$x_{15}（新疆杨）=2783 \text{ 株}$$

$$x_{17}（连翘）=1174 \text{ 株}$$

$$x_{19}（沙地柏）=529 \text{ 株}$$

$$x_{16}（黄刺玫）=62 \text{ 株}$$

$$x_{22}（河北杨）=144 \text{ 株}$$

$$\max y=1213157 \text{ 元}$$

S_1=191435 元

S_2=16052 元

S_3=0 元

如果增加 10 株云杉，则加上条件：

$x_{12} \geqslant 10$

得模型 AA_2 的最优解为

x_6（油松）=1173 株

x_4（侧柏）=62 株

x_{12}（云杉）=10 株

x_{15}（新疆杨）=2738 株

x_{17}（连翘）=1174 株

x_{19}（沙地柏）=529 株

x_{16}（黄刺玫）=62 株

x_{22}（河北杨）=114 株

其他 X_i=0

max y=1213136 元

S_1=190135 元

S_2=159252 元

S_3=0 元

树木耐旱性选择：所选择的 8 个树种的耐旱性都较强，可以正常生长，故不予剔除。

树木对大气污染的适应性选择：所选树种的适应性较强亦不予剔除。

比较上面的 3 个模型，可见增添约束条件降低 max y 的值，我们可以权衡 max y 值和树种数，选择可接受的方案。

2.7.2 不计算贴现值的规划

用同样方法得到的方案是：

x_6（油松）=177 株

x_{17}（连翘）=1774 株

x_{19}（沙地柏）=529 株

x_{12}（云杉）=1485 株

x_{13}（刺槐）=3093 株

max y=1213175 元

S_1=64347 元

S_2=0 元

$S_3 = 0$ 元

树木的生态功能是十分广泛的，但城市环境保护林建设的主要目标即为除尘、吸污涵养水源、降低高温，本书仅就此目标进行了规划，当目标有变化时，可对目标函数加以调整。

3 城市环境保护林的树种配置

城市环境保护林的主要功能是改善城市环境，但城市是物质文明和精神文明高度发达的区域，城市保护林的建设在改善环境的同时，还应该给城市居民以美的享受，感受自然美的无穷韵味，陶冶情操。

3.1 树种配置的原则

3.1.1 生态位原则

某种树种只能在一定的生态条件下生存，不适宜的温度、水分、光质、光强、土壤、生物条件，将导致树木的生长状况不良或者不能生存，要根据树木喜光、耐荫、旱生、湿生、抗寒、喜肥、耐瘠薄、耐盐碱等各种生物学特性，把它们配置到最适宜它们生长的生态环境中。耐旱性强的树种可以配置在较边远的地段，耐旱性弱的树种必须配置在能人工浇灌的地方，喜光的树种往往配置于高大建筑的阳面，而且要做为植物群落上层木，耐荫树种可种植于高大建筑的阴面，立交桥、拱涵的下面，在群落中可配置于下层。包头在冬季经常有冷空气入侵，大风降温十分频繁，因此，在群落的迎风面要配置一些高大的抗寒树种，而在一些土壤瘠薄、盐碱很重的地段就只能配置一些耐瘠薄、耐盐碱的树种。

3.1.2 种间关系协调的原则

植物物种之间存在着十分复杂的关系，如寄生关系、附生关系、共生关系、互利关系、生理关系、生物化学关系、机械关系和他感作用等。在配置植物时，必须充分考虑并利用这些关系，才能保证树木健康成长，保证群落稳定并且有较好的景观效果，如松、云杉、落叶松、栎、栗、水青冈、桦木、鹅耳枥、榛树等均有外生菌根、兰科植物，柏、雪松、红豆杉、核桃、白蜡、杨、楸、杜鹃、槭、桑、葡萄、枣等均有内生菌根，这些菌根有的可以固氮，为植物吸收和传递营养，有的使树木适应贫瘠不良的土壤条件，大部分菌根有酸溶、酶解能力，依靠他们增大吸收表面，可以从沼泽、泥炭、粗腐殖质木素蛋白质以及长石类、磷灰石或石灰岩中为树木提供氮、磷、钾、钙等营养，群落中同种或不同种的根系有的会出现连生现象，这些连生的根系不但能增加树木的抗风性，还能发挥根系庞大的吸收作用。在刺槐和毛白杨混交林中，刺槐固定的氮可以通过根系传给毛白杨，而毛白杨体内的磷可传给刺槐，这种营养物质的相互流通促进了两种树木的生长。

3.1.3　植物造景的原则

城市环境保护林一般多建在大型工厂的周围，在保证其有较高环境效益的同时，还要有较高的观赏性，这就要求在建设城市环境保护林时，必须将各种吸污能力强的绿化树种，按照植物造景的原则，艺术地配置起来，创造美的自然景观，使环境保护林的生态功能和社会功能有机地融为一体。

（1）统一原则：在环境保护林树种配置中，树木的树形、色彩、线条、质地和比例都要有一定的差异和变化，显示多样性，但又要使它们之间保持一定的相似性，引起统一感，这样既生动活泼，又和谐统一。

（2）调和的原则：树种配置时要注意相互联系与配合，体现调和的原则，使人具有柔和、平静、舒适和愉悦的美感，要找出近似性和一致性，使树木配置在一起产生协调感，当树木与建筑物配置时，要注意体量、重量等比例的协调，在色彩构图中要注意颜色之间的对比。

（3）均衡的原则：这是植物配置时的一种布局方法，将体量、质地各异的植物种类按均衡的原则配置，使景观显得稳定、顺眼，可按规划式均衡和自然式均衡原则配置。

（4）韵律和节奏的原则：树木配置中要出现有规律的变化，产生韵律感和节奏感。

3.2　包头城市环境保护林树种配置的几种模式

根据环境保护林所在位置的不同，分办公区、生产区、隔离区等，分别设计几种树种配置模式，以供生产中参考。

3.2.1　办公区的植物配置模式

企业的办公区一般距污染源有一定距离，并且是一个企业的外部形象的缩影，要求很高的观赏性，因此，在树种选择上在注重树木的抗污吸污能力的同时，还要兼顾树木的观赏性，使绿化的生态效益和景观效果有机结合，现提供几种配置模式。

（1）建筑物阳面配置模式：

① 高大建筑物前的乔灌草模式：

上木：油松（或樟子松、云杉、桧柏）+ 丝棉木（或白蜡、复叶槭）

中木：山桃、丁香、珍珠梅、黄刺玫

地被：早熟木或苆子梢

这是西北地区的典型景观，反映西北的自然特点，也表现西北人的性格和企业精神，油松苍劲古雅，不畏霜雪风寒，能在严寒中挺立于高山之巅，具有坚贞不屈，高风亮节的品格，它耐旱、耐瘠薄，几掬水、几尺方地即能健壮生长，体现了西北人吃苦耐劳、甘于奉献的精神风貌，更体现了在困境中发奋图强的企业精神，它枝叶茂盛，树体宽大，体现了豁达、庄重的形象，并与高大的办公建筑十分协调。丝棉木枝叶柔嫩，细腻，春夏之季以一片浓绿，给人以凉爽宜人的感觉，秋冬来临之际，万类霜天竞自由之节，它在寒风中绽开笑脸，给人以春天般的温暖，晚霞般的壮烈，体现了北国女子的一片深情。两树种一柔一刚，相得益彰。山桃是乡土树种，以它的朴实和真诚，向人们诉说第一个春天的故事。

② 中小建筑前的灌草模式：

灌木：黄刺玫＋珍珠梅＋山桃＋金花忍冬＋连翘

地被：早熟禾

这几种灌木都体量轻盈，与二、三层小楼比例十分调和，花期富有季节变化，早春山桃、连翘竞相开放，一红一黄都是原色之一，对比强烈，给人以春天的温暖；仲夏时节珍珠梅雪白的花序挂满枝头，给炎炎夏日中的人们一片清凉、一份宁静；秋天来了，金花忍冬那红灿灿的果实向人们报告丰收的喜讯，早熟禾则在花木争艳中默默地奉献深情的底色，整个配置欢快、明亮。

（2）建筑物两侧配置模式：

上木：新疆杨、刺槐（加拿大杨、河北杨、槐树）

中木：金花忍冬、丁香

地被：荒子梢

建筑物两侧的高大落叶乔木对建筑主体起到护卫作用的景观效果。白杨线条流畅的枝干，粗犷豪迈，直冲云霄的磅博气势，表现出企业力争上流，奋发向上的形象；刺槐深重的躯干颜色，曲折的枝干线条，深绿的叶色则表示庄重和顽强，两个树种在外形上互相衬托，而在种间关系上则互通有无，表现了干群关系的亲密无间。荒子梢红色的花序，则映衬出企业的兴旺发达。

3.2.2 生产区的植物配置模式

污染型企业的生产区，空气中的二氧化硫，氟化物、粉尘、烟尘等有害物质含量高，是植物生存环境最恶劣的地区，进行植物配置时，要选择抗污染能力强的植物，配置形式以通风较好的结构为主，以利于空气中各种污染物的扩散和稀释。

（1）行道树植物配置模式：生产区道路是工人上下班的通道，应以有规则的重复体现出韵律和节奏，以起到减轻疲劳，鼓舞干劲的作用，因此，行道树以抗污吸污能力最强的新疆杨、油松等乔木为主体，每隔一段距离种植三五株一群的垂枝榆、丝棉木、圆柏、云杉、丁香、黄刺玫等。

（2）生活区厂房前绿地植物配置模式：厂房前绿地是工人劳动之余的休息场

所，因此，植物配置应以松散式自由配置形式为主，但应根据工人年纪和性格特点的不同，选择不同树种建植不同格调的植物群落。一般说来，年纪较大、性格内向的人喜好宁静的环境，年纪轻、性格外向的人喜好热烈的氛围。宁静型群落上木应以针叶树为主，如油松、云杉、圆柏，制造庄重的大环境，而下木应适当点缀一些耐荫的花灌木如绣线菊、珍珠梅、金银木，以免过于肃穆。热烈型群落上木应以阔叶树为主，如新疆杨、旱柳、刺槐等，并大量配置花灌木，上木株数不宜过多，否则林下光线不足，不利于花灌木生长，花灌木配置要注重四季变化，春景以山桃等为主，夏景以珍珠梅等为主，秋景以金花忍冬等为主。

3.2.3 隔离区的植物配置模式

一般隔离区位于污染型企业与市区之间的交错带，是阻止污染向市区扩散、净化空气的林带，植物配置应以高大乔木为主的紧密型方式为主

上木：新疆杨、河北杨、刺槐、油松、圆柏、云杉

中木：黄刺玫、珍珠梅、山桃、金银木、连翘、接骨木、柽柳、沙地柏

地被：黑沙蒿

隔离区植物配置应分为不同地段设计不同景观，以美化城市，同时兼顾经济效益和社会效益。在污水排放区可设计水景型景观，在废渣排放区可设计山林景观，并根据时令设计为春景型景观、夏景型景观、秋景型景观和冬景型景观，在与农村的交错带还可设计出混农林景观林，本书不做详细描述。

参考文献

1. 丛日春.中国城市社会林业工程研究.北京：中国林业出版社，2003.

2. 吴波.我国荒漠化现状、动态与成因.林业科学研究，2001，（14）2：195~202.

3. 吴波，卢琦.我国荒漠化基本特点及加快荒漠化地区发展的意义.中国人口、资源与环境，2002，（12）1：99~101.

4. 刘焕文等.农业环境污染与人畜氟病.农业环境保护.1982（2）：2.

5. 王洪忠等.包头地区家畜"长牙病"调查报告.内蒙古畜牧兽医.1980，2：10.

6. 丛日春.走生态园林道路，建立生态标准//程绪珂.生态园林论文续集.上海园林杂志社，1993.

7. 吴连弟，丛日春.对包头市建设生态园林的构想//程绪珂.生态园林论文续集.上海园林杂志社.1993.

8. Grey G W, Deneke F J. Urban Forestry. Krieger Publishing Company，Malabar，Florida，1992.

9. Jorgensen E. The history of urban forestry in Canada. In：First Canadian Urban Forests Conference. 1993.14~18.

10. Miller R W. Urban Forestry. New Jersey：Prestice Hall，Englewood Cliffs，07632，1988.

11. 高清. 都市森林学. 台北：台湾国立编译馆，1984，50~80.

12. 李永芳. 城市林业之我见. 绿化与生活，1992（6）：2~3.

13. 沈国舫. 森林的社会、文化和景观功能及巴黎地区的城市林业//沈国舫. 城市林业——'92首届城市林业学术研讨会文集. 北京：中国林业出版社，1993，65~71.

14. 吴泽民. 美国的城市林业. 世界林业研究，1989（3）：85~87.

15. 王木林. 城市林业的研究与发展. 林业科学，1995，31（5）：460~466.

16. 王义文. 城市林业的兴起及发展趋势. 世界林业研究，1992（1）：42~49.

17. 李增禄，雷相东. 城市森林的兴起与发展. 河南农业大学学报，1995（3）：317~322.

18. 城市林业学术研讨会纪要//沈国舫. 城市林业——92'首届城市林业学术研讨会文集.北京：中国林业出版社，1993.3~7

19. Profous G V. Trees and urban forestry in Beijing. Journal of Arboriculture，1992，18（3）：

145~153

20. 桂来诞.从我国的城市化看城市森林的发展.中国林业调查规划，1995（4）：24~27

21. Lube，Ervin H. The Natural History of Urban Tree. The Metro Forest，A Natural History Special Supplement，1973，82（9）．

22. Fernow B E. The Care of Trees in Lawn，Street and Park，H.Holt and co.，New York，1911：392.

23. Wysong Noel.b. Urban forestry. Arborist's News，1972，37（7）：76~80.

24. Commission on Education in Agriculture and natural Resources，Undergraduate Education in the Biological Sciences for Students in Agriculture and Natural Resources，Pulb.1495，National Academy of Sciences，Washington，D.C.，1967.

25. Citizens Advisory Committee on Recreation and Natural Beauty，Second Annual Report to the President，1968.

26. Andresen J W. Community and Urban Forestry：A Selected and Annotated Bibliography，USDA，Southeastern Area STATE AND pRIVALE fORESTRY，1974：195.

27. Andresen J W，Williams B M. "Urban Forestry Education in North America，" Journal of FORESTRY，1975，73（12）：786-790.

28. 李嘉乐.绿化改善城市气候的效益//陈自新.园林科研，1989，50~62.

29. 刘梦飞.北京夏季城市热岛特点与绿化覆盖率的关系//陈自新.园林科研，1989，147~151.

30. 李嘉乐，刘梦飞.绿化净化城市大气的效益//陈自新.园林科研，1989，63~72.

31. 刘梦飞.北京市绿地覆盖率与大气质量的关系//陈自新.园林科研，1989，158~162.

32. 顾泳洁，刘宏纲.林带改善化工厂区环境的作用.城市环境与城市生态，1989，3：1~4

33. 林治庆，黄会一.运用林业生态工程防治环境污染.城市环境与城市生态，1989，1：41~43

34. 谢维.望花地区生态环境现状分析及绿化生态工程.城市环境与城市生态，1992，1：17~20

35. 许恩珠.保健型人工植物群落的研究与实施//程绪珂.生态园林论文续集.园林杂志社，1993.

36. 刘芳径，王克乾.北京市城市环境因素与小学生鼻咽部功能指标相关性研究.城市环境与城市生态.1989，2：10~13.

37. 贺振.园林绿地效益的评估与计量//吴振千.园林经济管理（内部资料），1992.

38. 王木林.城市林业的研究与发展.林业科学.1995，5：460~466.

39. 桂来庭.城市森林的结构及生态作用.中南林业调查规划.1995，3：49~51.

40. 张佩昌，杨超.三个城市森林生态环境系统模型的研究.东北林业大学学报，1994，3：32~42.

41. Brady R F. A Typology for the Urban ecosystem and its relationship to larger biographical landscapeunits. Urban ecology，1979，4：11~28.

42. Clark，James R. and Roger K.Kjelgren. Environmental factors affectiing Urban Tree Growth. Make our city save for trees，Procedings of the Fourth Urban Forestry Conference，1989：88~92.

43. Gardner，Don. Managing diversity in the Urban forest. Fourth ufban forestry conference

proceding, 1989: 138~140.

44. Grey, GEne W. Urban forestry, New York, 1978: 278.

45. Hester, T.Randolph, The city of 2lst Century. Proceding of rourth urban forestry conference, 1989: 176~80.

46. Kielbaso, J.j. the state of urban forest, Proceding of fourth urban forestry conference, 1989: 11-18.

47. The trends in Urban forestry management, Urban Data service publication, Baseline data report, 1987.

48. Miller, Robert W. Urban forestry, New Jersey, 1989, 404.

49. Gary Moll. Anatomy of the Urban forest, American foresters.1988, 94 (7-8). 23~24.

50. Gary Moll, Deborah Gangloff. Urban forestry in the United States, Unasyiva, 1987, 39 (155): 36~45.

51. Rodbell, Phillip. A new look at the urban forest, urban forestry; the managenent of community forestry, 1991, Aug. -Sep: 8~12.

52. 冀捷. 城市林业发展若干问题的研究.林业经济, 1993, 5: 28~32.

53. 俞慧珍, 王诚录. 城市园林绿化树种规划的理论基础及其在江苏的实践. 中国园林.1989, 3.

54. 蒋高明. 树木年轮对大气污染历史过程的指示作用. 城市环境与城市生态. 1994, 2.

55. 但新球. 现代心理美学派与森林审美机制比较研究. 中南林业调查规划. 1995, 2.

56. 但新球. 森林景观资源美学价值评价指标体系的研究. 中南林业调查规划. 1995, 3.

57. 陈尧华. 城市发展与城市生态系统评价. 城市环境与城市生态. 1994, 3.

58. Garsed S G, Rutter A J. Relative performance of conifer populations in various tests for sensitivity to SO 2 and the implications for selecting trees for planting in polluted aieas, New-Phyzolgist, 1982, (19) 3: 349~367.

59. Bytnerowicz A. The air pollution accumulation capabilities of some tree species in the vicinity of the chemical plant in Torun. Rocznik-Sekdji-Dendrologicznej-Polskiego-Towavzystwa-Botanicznego, 1980, 33: 15~28

60. Liu Y Q. An acute injury and relative resistance to sulfur dioxide of trees and shrubs for greening. Acta-Botanica-Sinica. 1980, 22 (3): 260~265.

61. Genys J B, Heggestad IIE. Susceptibility of different species, cloned and strains of pines to acute injury caused by ozoneand sulfur dioxide. Plant Disease Reporter. 1978, (62) 8: 687~691.

62. Kozyukina, -Zh. T. Some ecological and physiological indices of the gaw resistance of woody plants, Bidogicheskie-Nauki, 1976, 7: 103~107.

63. Kohut R J. Response of hybrid poplar to simultaneous dxposuve to ozone and PAN, Plant-Disease-Reporter. 1976, (60) 9: 777~780.

64. Davis D D. Resistance of young ponderosa Pine seedings to acute doses of DAN. Plant-Disease-

Reporter. 1975，（59）2：183~184.

65. Davis D D. Relative ozone susceptibility of selected woody ornamentals. Hortscience. 1974，9（6）：537~539.

66. Kozyukina Z h. Changes in the free and bound auuino acids in leaves of trees and shurbs under the influence of the coke and coal-tar chemical industry Ukrains'kii Botanichnii-Zhurnal，1973，（30）3：332-339.

67. Davis D D. The influence of plant age on the sensitivity of Virginia pine to ozone. Davis，D.D. Wood，F.A.: The influence of environmental factovs on the sensitivity of Virginia pine to ozone. Phvtopathology. 1973，（63）3：381~388.

68. Demeritt M E. Selection system for evaluating resistance of Scotch Pine seedlings to ozone and sulfur dioxde，Proceedings，19th Northeastern Forest Tree Improvement Conference 1971. 1972.，87~97.

69. 程绪珂. 建设有中国特色生态园林的探讨. 园林. 1990.1.

70. 黄枢，沈国舫. 中国造林技术. 北京：中国林业出版社. 1993.

71. 谢家岱. 合理选择高山区树种，加速林业腾飞. 邵阳地区林业科技. 1985（2）：14~23.

72. 蔡郁文. 栗钙土造林技术初探. 林业调查规划，1984（6）：49~51.

73. 杨烛尘. 干旱阳坡适光造林树种选择. 宝鸡林业科技，1987，25~27.

74. 路斌. 兰州干旱山区造林树种的初步筛选. 甘肃林业科技，1986（2）：34~36.

75. 王景星. 气候条件是选择和安排造林树种的重要依据. 零陵林业科技，1984（1）：3~15.

76. 何云祥. 试谈湘潭造林树种的选择. 湘潭林业科技，1985（2）：20~21

77. 关泉照. 薪炭林树种选择研究阶段小结. 肇庆林业科技，1987（33）：10~15

78. 林浩根. 适宜飞播造林树种的选择试验. 中国北方飞机播种造林论文选，1988（7）：157~158

79. 陈永中. 从地名角度来看鄂尔多斯台地西南部的树种选择问题. 地名知识，1989（3）：35~37

80. Spurr S H，et al. Forest ecology（Third edition），1980：297~336.

81. Kimmins J P. Ecological classification of forest land in Canada and North Western U.S.A.Report on the 1977 Vancouver Symposium，Proc.and meeting. Can. Comm. Ecol. Land Classif.，1977：52~55.

82. Jurdant M，et al. Biophysical land classification in Canada. Forest Soils and Forest land management in Canada，Laval Univ. Press，Quebec，1975：485~495.

83. Kojima S，Krumlik G J. Biogeoclimatic classification of forests in Alberta. The Forestry Chronicle，1979，55：130~132.

84. Klinka K，et al. An ecosystematic approach to forest planning，Chrom，1980：56~103.

85. Сукауев,. Н.，С.В.вонн. Мтопиуескпеукаваниекнвунениотииовъыеса.Ивъыатеъывство АНСССР,1961.

86. H.C.波格来勃涅克. 林型学原理.北京：科学出版社，1959，24~247.

87. 林业部调查设计局. 大兴安岭森林综合调查汇编.北京：中国林业出版社，1955.

88. 林业部造林设计局.编制立地条件类型表及设计造林类型.北京：中国林业出版社，1958.

89. 沈国舫等.北京市西山地区适地适树问题的研究.北京林学院学报，1980（1）：32~46.

90. 沈国舫等.北京西山地区油松人工林的适生条件及生长预测.林业科学，1985，21：10~19.

91. 高志义等.黄土高原立地类型划分和适地适树研究报告.北京林学院学报，1984，1~94.

92. 赵连珍，苏雅真.不同立地条件固沙植物树种选择及栽种.新疆农业科学，1963，191~358.

93. 刘明.鲁西黄河帮道造林与立地条件类型.林业资源管理，1987（5）：32~34

94. 杜书赴.章古台沙地立地条件与适地适树关系的初步研究.辽宁林业科技.1989（6）：6~10

95. 杨玉坡.长江上游（川江）防护林研究.北京：科学出版社，1993.

96. 杨继镐.广西林地土壤与适生树种.北京：中国林业出版社，1995..

97. 张万儒.森林土壤生态管理.北京：中国科学技术出版社，1994.

98. 杨继镐.太行山适地适树与评价.北京：中国林业出版社，1993.

99. Mahoney J M, et al. Response of a hybrid poplar to water table decline in different substrates. Forest Ecology and Management, 1992, 54（1-4）: 141~156.

100. Myers B J, et al. Water stress and seedlings growth of two eucalypt species from contrasting habitats. Tree Physiology, 1989, 5: 207~218.

101. Mazzoleni S, et al. Differential physiological and morphological responses of two hybrid Populus clones to water stress. Tree Physiology, 1988, 4: 61~70.

102. Metcalfe J C, et al. Leaf growth of Eucalyptus seedlings under water deficit. Tree Physiol., 1990, 6（2）: 221~227.

103. 刘奉觉等.杨树水分生理研究.北京：北京农业大学出版社，1992.

104. Gebre G M, et al. Effects of water stress proconditioning on gas exchange and water relations of Populus deltoides clones. Canadian Journal of Forest Research, 1993, 23（7）: 1291~1297.

105. 李吉跃.太行山区主要造林树种耐旱特性的研究（III-IV）.北京林业大学学报，1991，13（增2）：230~279.

106. Dickmann D I, et al. Photosynthesis, water relations and growth of two hybrid Populus genotypes during a severe drought. Canadian Journal of Forest Research, 1992, 22（8）: 1094~1106.

107. Lassoie J P, et al. Physiological response of large Douglas-fir to natural and induced soil water deficits. Canadian Journal of Forest Research, 1981, 11（1）: 139~144.

108. Reekie E G, et al. Leaf canopy display, stomatal conductance, and photosynthesis in seedlings of three tropical pioneer tree species subjected to drought. Can. J. Bot. 1992, 70（12）: 2334-2338.

109. 上官周平，陈培元.水分胁迫对玉米光合作用的影响.中国科学院西北水土保持研究所集刊，1988（8）：72~76.

110. 上官周平，陈培元.土壤干旱对小麦叶片渗透调节和光合作用的影响.华北农学报，1989，4（3）：49~55.

111. 许大全，李德耀，丘国雄.毛竹叶光合作用的气孔限制研究.植物生理学报，1987，13（2）：154~160.

112 Kozlowski T T.水分供应与树木生长.王世绩译.林业文摘，1993.

113. Parker W C. Seasonal changes in several water relations parameters of white oak，northern red oak，and mocker nut hickory. Unpubl，M.S. thesis，University Missouri-columbia，1980.

114. Mooney H A，et al. Photosynthetic acclimation to temperature and water stress in the desert shurb，Larrea divaricata. Carnegie Inst. Yrbk.，1977（76）：328~335.

115. Borghetti M，et al. Response to water stress of Italian alder seedlings from diverse geographic origins. Canadian Journal of Forest Research，1989，19（8）：1071~1076.

116. Seiler J R，et al. Photosynthesis and transpiration of loblolly pine seedlings as influenced by moisture-stress conditioning. Forest Science，1985，31（3）：742~749

117. Seiler J R，et al. Physiological and morphological responses of three half-sib families of loblolly pine to water-stress conditioning. Forest Science，1988，34（2）：487~495.

118. 李吉跃.P-V技术在油松侧柏苗木抗旱特性研究中的应用.北京林业大学学报，1989，11（1）：3~11.

119. 杨敏生，裴保华，赵敏英.优良白杨新品种BL193对水分胁迫的反应.河北林学院学报，1995，10（3）：194~198.

120. Ranney T G，et al. Response of five temperate deciduous tree species to water stress. Tree Physiology，1990，6（4）：439~448.

121. Smit J，et al. Root growth and water use efficiency of Douglas-fir（Pseudotsuga menziesii（Mirb.）Franco）and lodgepole pine（Pinus contorta Dougl.）seedlings. Tree Physiology，1992，11（4）：401~410.

122. Rhodenbaugh E J，Pallardy S G. Water stress，photosynthesis and early growth patterns of cuttings of three Populus clones. Tree Physiology，1993，13（3）：213~226

123. Vijayalakshmi C，Nagarajan M. Effect of rooting pattern on rice productivity under different water regimes. Journal of Agronomy and Crop Science，1994，173（2）：113~117.

124. Fukai S，Cooper M. Development of drought-resistant cultivars using physiomorphological traits in rice. Field Crops Research，1995，40（2）：67~86

125. 李正理.我国甘肃九种旱生植物同化枝的解剖观察.植物学报，1981，23（4）.

126. 王世绩，闵曾琪，刘雅荣，等.十种杨树苗木水分关系的研究.林业科学，1982，18（1）：6~14.

127. 李吉跃.太行山主要造林树种耐旱性的研究（Ⅰ-Ⅲ）.北京林业大学学报，1991，13（增1，增2）

128. Li W L，Berlyn G P，Ashton P M S. Polyploids and their structure and physiological characteristics

relative to water deficit in Betula papyrifera. American Journal of Botany，1996，83（1）：15~20.

129. Maruyama K，Toyama Y. Effects of water stress on photosynthesis and transpiration in three tall deciduous trees. Journal of the Japanese Forestry Society，1987，69（5）：165~170.

130. Roden J，Volkenburgh E van，Hinckley T M，et al. Cellular basis for limitation of Poplar leaf growthby water deficit. Tree Physiology，1990，6（2）：211~219.

131. Mazzoleni S，Dickmann D I. Differential physiological and morphological responses of two hybrid Populus clones to water stress. Tree Physiology，1988，4（1）：61~70.

132. Tyree M T，et al. The characteristics of seasonal and ontogenetic changes in the tissue-water relations of Acer，Populus，Tsuga，and Picea. Canadian Journal of Botany，1978（56）：635~647.

133. 龚明. 作物抗旱性鉴定方法与指标及其综合评价. 云南农业大学学. 1989，4（1）：75~82.

134. 刘友良. 植物水分逆境生理. 北京：农业出版社，1992

135. 高吉寅. 国外抗旱性筛选方法的研究. 国外农业科技，1983，7：12~15.

136. 胡荣海. 农作物抗旱鉴定方法和指标. 作物品种资源，1986，18（4）：36~38.

137. Kelliher F M，et al. Stomatal resistance and growth of drought-stressed eastern cottonwood from a wet and dry site. Silvae Genet.，1980，29：1 66~171.

138. Schulte P J，Hinckley T M. Abscisic acid relations and the response Populus trichocarpa stomata to leaf water potential. Tree Physiology，1987，3（2）：103~113.

139. Sivakumaran S，Horgan R，Heald J，et al. Effect of water stress on metabolism of abscisic acid in Populus robusta × schnied and Euphorbia lathyrus L. Plant Cell and Environment 1980，3：163~173.

140. 汤章城. 逆境条件下植物脯氨酸的积累及其可能的意义. 植物生理学通读，1984，1（1）：15~21.

141. Belanger R R，Manion P D，Griffin D H. Amino acid content of water-stressed plantlets of Populus tremuloides clones in relation to clonal susceptibility to Hypoxylon mammatum in vitro. Canadian Journal of Botany，1990，68（1）：26~29.

142. 徐新宇. 作物的抗旱能力和体内游离氨基酸含量的关系. 国外农业科技，1983，9：19~23.

143. Al-Hakimi A，Monneveux P，Galiba G. Soluble sugars，proline，and relative water content （RWC）as traits for improving drought tolerance and divergent selection for RWC from T. poltmicum to T.durum. Journal of Genetics & Breeding，1995，49（3）：237~243.

144. Furuya A，Itoh R，Ishii R. Mechanisms of different responses of leaf photosynthesis in African rice（Oryza glaberrima steud.）and rice（Oryza sativa L.）to low leaf water potential. Japanese Journal of Crop Science，1994，.63（4）：625~631.

145. Sutka J，Farshadfar E，Koszegi B，et al. Drought tolerance of disomic chromosome additions of

Agropyron elongatum to triticum aestivum. Cered Research Communications，1995，23（4）：351~357

146. Farshadfar E，Koszegi B，Tischner T，et al. Substitution analysis of drought tolerance in wheat（Triticum aestivum L.）. Plant Breeding，1995，114（6）：542~544.

147. 蒋进等.几种旱生植物盆栽苗木的水分关系和抗旱排序.干旱区研究，1992，9（4）：31~37.

148. 蒋进等.柽柳属植物抗旱性排序研究.干旱区研究，1992，9（4）：41~45.

149. 张建国.中国北方主要造林树种耐旱特性及其机理的研究.北京林业大学博士论文，1993.

150. 郭连生.对几种阔叶树种耐旱性生理指标的研究.林业科学，1989，25（5）：389~394.

151. 裴保华.741杨耐旱性的研究.河北林学院学报，1994，9（4）：282~287.

152. 刘祖祺，张石诚.植物抗性生理学.北京：中国农业出版社，1994.

153. 高吉喜.SO_2对植物新陈代谢的影响（I）——对气孔、膜透性与物质代谢的影响.环境科学研究，1997，（10）2：36~39.

154. Tschanz A，Landolt W，Bleuler P，et al. Effect of SO_2 on activity of adenonsine 5'-phosphosulfate sulfotransferase from spruce trees（Picea abies）in fumigation chambers and under field conditions. Physiologia Plantarum，1986，67（2）：235~241.

155. 曹洪法.我国大气污染及其对植物的影响.生态学报，1990，（10）1：7~12.

156. 刘荣坤.SO_2对植物伤害及其机理的探究.环境科学，75~79.

157. 曹洪法，刘厚田，舒俭民.植物对SO_2污染的反应.环境科学.1985，（6）6：59~66.

158. 孔国辉等.大气污染与植物.北京：中国林业出版社，1988.

159. Thomso W W. Effects of Air Pollutants on Plant Ultrastructure//Mudd J B，Kozlowski T T. Responses of Plants to Air Pollution，Acad Press，1975：179~192.

160. 李振国，刘愚，吴有梅.大气乙烯污染及其对植物的影响.植物生理学通讯，1980（03）.

161. 单运峰.酸雨、大气污染与植物.北京：中国环境出版社，1994.

162. 唐永銮.大气污染及其防治.北京：科学出版社，1980.

163. Baker T R，Allen H L，Schoeneberger M M，et al. Nutritional response of loblolly pine exposed to ozone and simulated acid raid，Canadian Journal of Forest Research，1994，24（3）：453~461.

164. 江苏省植物研究所.城市绿化与环境保护.北京：中国建筑工业出版社.1977.

165. Boyer J N，Houston D B，Jensen K F. Impacts of Chronic SO_2，O_3，and SO_2+O_3 Exposures on Photosynthesis of Pinus strobus Clone，European Journal of Forest Pathology，1996，16（5）：293~299.

166. 杭州市植物园环保组.SO_2对树木叶片组织的危害.环境科学，1978，3：59.

167. 王家训.裸子植物叶保护结构与抗SO_2、Cl_2的相关性.湖北林业科技，1984（2）：12~15.

168. 王家训，王亚平.叶片结构与植物对SO_2、Cl_2抗性的初步研究.湖北林业科技，1982（01）.

169. 李振国，刘愚，吴有梅. 植物对二氧化硫的反应和抗性研究——Ⅲ.植物接触二氧化硫和应急乙烯的产生.植物生理学报，1980（1）：47~55.

170. Tingey D T. Ozone induced alteration in the metabolite pools and enzyme activites of plants. Air Pollution Effects on Plant Growth, American Chemical Society, Washington, 1974.

171. 廖志琴，树木叶片解剖结构与大气污染抗性的初步探讨，成都环保，1981，4.

172. 李正理，徐炳文. 银杏叶表皮结构. 植物学报，1989，31（6）：427~431.